"十四五"江苏省职业教育首批在线精品课程配套教材

"十四五"职业教育国家规划教材

江苏省高等学校重点教材（2021-1-039）

U0182569

COMPUTER TECHNOLOGY

Java程序设计案例教程 第2版

主编｜许　敏　史荧中
参编｜李　萍　程　成
主审｜刘培林

机械工业出版社
CHINA MACHINE PRESS

本书共 12 章，第 1 章是 Java 语言概述；第 2～4 章讲述了 Java 语言基础知识，包括数据类型、常量和变量、运算符和表达式、简单的输入与输出、Java 程序的控制结构和数组；第 5、6 章讲述了面向对象程序设计，包括类与对象、继承和多态；第 7 章讲述了常用实用类，包括常用工具类和集合容器类等；第 8 章讲述了 Java 异常处理；第 9 章讲述了 Java 输入与输出；第 10、11 章讲述了图形用户界面设计和数据库编程技术；第 12 章讲述了多线程技术。

全书贯彻"理实一体化"的教学理念，以职工工资管理系统为载体，将项目开发分解为若干相对独立的工作任务。工作任务与相关理论知识相互配合，既是对理论知识的延伸与拓展，又是对理论知识掌握程度的检验。

本书可以作为高职高专院校软件技术、大数据技术、人工智能技术应用、物联网应用技术等专业的教材，也可作为 Java 语言程序设计的入门教程，还可作为从事计算机应用工作的工程技术人员培训和自学的参考书。

本书配有电子课件及源代码，需要的教师可登录 www.cmpedu.com 免费注册、审核通过后下载，或联系编辑索取（微信：13261377872，电话：010-88379739）。

图书在版编目（CIP）数据

Java 程序设计案例教程 / 许敏，史荧中主编. —2 版. —北京：机械工业出版社，2022.9（2025.1 重印）

"十三五"职业教育国家规划教材

ISBN 978-7-111-71106-3

Ⅰ. ①J…　Ⅱ. ①许…　②史…　Ⅲ. ①JAVA 语言-程序设计-高等职业教育-教材　Ⅳ. ①TP312.8

中国版本图书馆 CIP 数据核字（2022）第 114717 号

机械工业出版社（北京市百万庄大街 22 号　邮政编码 100037）
策划编辑：王海霞　　责任编辑：王海霞
责任校对：张艳霞　　责任印制：常天培

河北鑫兆源印刷有限公司印刷

2025 年 1 月第 2 版·第 10 次印刷

184mm×260mm·16.75 印张·409 千字

标准书号：ISBN 978-7-111-71106-3

定价：65.00 元

电话服务　　　　　　　　　　　网络服务

客服电话：010-88361066　　　机 工 官 网：www.cmpbook.com

　　　　　010-88379833　　　机 工 官 博：weibo.com/cmp1952

　　　　　010-68326294　　　金 书 网：www.golden-book.com

机工教育服务网：www.cmpedu.com

关于"十四五"职业教育
国家规划教材的出版说明

为贯彻落实《中共中央关于认真学习宣传贯彻党的二十大精神的决定》《习近平新时代中国特色社会主义思想进课程教材指南》《职业院校教材管理办法》等文件精神，机械工业出版社与教材编写团队一道，认真执行思政内容进教材、进课堂、进头脑要求，尊重教育规律，遵循学科特点，对教材内容进行了更新，着力落实以下要求：

1. 提升教材铸魂育人功能，培育、践行社会主义核心价值观，教育引导学生树立共产主义远大理想和中国特色社会主义共同理想，坚定"四个自信"，厚植爱国主义情怀，把爱国情、强国志、报国行自觉融入建设社会主义现代化强国、实现中华民族伟大复兴的奋斗之中。同时，弘扬中华优秀传统文化，深入开展宪法法治教育。

2. 注重科学思维方法训练和科学伦理教育，培养学生探索未知、追求真理、勇攀科学高峰的责任感和使命感；强化学生工程伦理教育，培养学生精益求精的大国工匠精神，激发学生科技报国的家国情怀和使命担当。加快构建中国特色哲学社会科学学科体系、学术体系、话语体系。帮助学生了解相关专业和行业领域的国家战略、法律法规和相关政策，引导学生深入社会实践、关注现实问题，培育学生经世济民、诚信服务、德法兼修的职业素养。

3. 教育引导学生深刻理解并自觉实践各行业的职业精神、职业规范，增强职业责任感，培养遵纪守法、爱岗敬业、无私奉献、诚实守信、公道办事、开拓创新的职业品格和行为习惯。

在此基础上，及时更新教材知识内容，体现产业发展的新技术、新工艺、新规范、新标准。加强教材数字化建设，丰富配套资源，形成可听、可视、可练、可互动的融媒体教材。

教材建设需要各方的共同努力，也欢迎相关教材使用院校的师生及时反馈意见和建议，我们将认真组织力量进行研究，在后续重印及再版时吸纳改进，不断推动高质量教材出版。

机械工业出版社

前　言

　　本书是中国特色高水平高职学校物联网应用技术高水平专业群（"双高"专业群）平台的核心课程配套教材，是校级优质在线开放课程配套教材，由国家级教学创新团队与企业工程师联合编写的融媒体教材。

　　党的二十大报告指出，加快建设国家战略人才力量，努力培养造就更多大师、战略科学家、一流科技领军人才和创新团队、青年科技人才、卓越工程师、大国工匠、高技能人才。本书秉承"学生为中心"的理念，采用"任务驱动、案例教学"方法，突出实例与理论的紧密结合，通过典型案例由浅入深地介绍 Java 基础语法和面向对象程序设计，将知识讲解、技能训练和职业素质培养有机结合，融"教、学、做"三者于一体，适合采用"项目驱动、案例教学、理论实践一体化"等教学模式，以此进一步强化学生技能的培养。

　　本书具有以下特点：

　　1. 以培育工匠精神为出发点，强调项目开发流程规范、代码书写规范，算法设计精益求精的职业素养。

　　2. 本书知识介绍采用传统模式，确保逻辑性和易读性；最后通过工作任务实现知识、技能、方法三者的有机融合。

　　3. 本书的编写，不仅仅是为了学习某种特定的语言，还融入了软件设计的思想，为后续 Java Web 开发、Java 框架编程等课程的学习奠定基础。

　　4. 以遵循企业软件项目开发规范的完整案例贯穿全书内容，确保实践内容具备完整性、系统性和应用性。

　　（1）从形式上看，工作任务是知识与技能的结合，每个工作任务都包含任务描述、相关知识、任务设计、任务实施、运行结果和任务小结 6 个完整的部分。

　　（2）从内容及编排来看，工作任务源于真实项目的简化，与相应理论知识互为补充，难度上循序渐进，适于学习。

　　5. 每章后都有小结，并配有习题，便于教师教学和学生自学。各章内容充实，安排合理，衔接自然。丰富、精致、高质量的在线资源给教师融媒体教学带来了便利。在智慧职教平台搜索"Java 程序设计"课程，可以加入在线开放课程的学习。

　　本书共 12 章，其中第 3、4、5、6、10、11 章由无锡职业技术学院许敏教授编写，第 1、2、7、8 章由无锡职业技术学院史荧中教授编写；第 9 章由无锡职业技术学院李萍教授编写；第 12 章由中国船舶科学研究中心程成高级工程师编写。全书由许敏教授统稿，无锡职业技术学院刘培林教授主审。在本书的编写过程中，参考了目前国内外有关 Java 程序设计的优秀书籍资料，在此谨向有关作者表示感谢。

　　由于编者水平有限，书中难免会有疏漏和不足之处，请读者批评指正。

编　者

目 录 Contents

第 11 章　数据库编程·················224

第 12 章　多线程·····················243

参考文献　·························256

第1章　Java 语言概述

📖【引例描述】

➤ 问题提出

选择 Java 语言作为开发工具，开发一个"职工工资管理"程序。开发 Java 应用程序，首先必须提供 Java 的开发环境，即安装 JDK。如何安装 Java 开发工具包，配置系统的环境变量？如何使用 Eclipse 开发环境？

➤ 解决方案

本章介绍 Java 语言的发展历史、主要特点及工作机制，并将 Java 语言与 C++进行比较；讲授 Java 语言开发环境的安装和使用，并学习 Java 应用程序的编写、Eclipse 集成开发工具的使用等入门知识。

通过本章学习，读者可掌握 Java 语言的特点与工作机制，能安装、使用 Java 开发平台并编写第一个 Java 应用程序。

【知识储备】

1.1　Java 语言的发展和特点

1.1.1　Java 语言的发展

Java 语言诞生于 1991 年，它是 Sun 公司（后被 Oracle 公司收购）为一些消费性电子产品所设计的，目的是开发一个新的语言，可以对电冰箱、电视机、电子游戏机等家用电器进行编程控制，和设备进行信息交流。鉴于这些电子产品有一个共同的特点——计算处理能力和内存都非常有限，因此要求：①该语言必须非常小且能生成非常紧凑的代码，这样才能在上述环境中执行。②由于不同的厂商选择不同的 CPU，因此要求该语言不能和特定的体系结构绑在一起，要求语言本身是中立的，也就是跨平台的。因此，James Gosling 领导的 Green 项目小组创建了新的程序设计语言——Oak 语言（Java 语言的前身），保留了大部分与 C++相似的语法，改进了 C++中过于复杂或具有危险性的特性。Oak 是一种可移植性语言，也就是一种与平台不相关的语言，能够在各种芯片上运行，这样各家厂商就可以降低研发成本，直接把应用程序应用在自家的产品上。

1994 年，Oak 的技术日趋成熟，Internet 正在蓬勃发展。用户迫切希望能够在网络上创建一类无须考虑软硬件平台就可以执行的应用程序，并且这些程序还要有极大的安全保障，正是这种需求给 Oak 带来了前所未有的施展舞台。1995 年 5 月 23 日，Oak 语言改名为 Java（因 Oak 商标已被注册），并且在 Sun World 大会上正式发布了 Java 和 HotJava 浏览器。由于 Java 只是一种编程语言，如果想要开发复杂的应用程序，需要有一个强大的开发库支持，因此，Sun 公司在 1996 年 1 月 23 日发布了 JDK 1.0 版本。Java 语言第一次提出了"Write Once，Run Anywhere"（一次编写，到处运行）的口号，JDK 被发布后立即引起极大的下载量，Java 成为网络编程的主流语言之一。Java 语言的发展历史如下。

1996 年 1 月，Sun 公司发布了 JDK 1.0。

1997 年 2 月，Sun 公司发布了 JDK 1.1。

1998 年 12 月，Sun 公司发布了 JDK 1.2（Java 2 平台）。

1999 年 6 月，Sun 公司重新定义 Java 技术架构，并将 Java 2 平台分为标准版（J2SE）、企业版（J2EE）和微缩版（J2ME）3 个版本。

2000 年 5 月，Sun 公司分别发布了 JDK 1.3 和 1.4。

2004 年 9 月，JDK 1.5 发布，成为 Java 语言发展史上又一里程碑。为了表示该版本的重要性，JDK 1.5 被更名为 JDK 5。此时，Java 的各种版本已经更名，取消其中的数字"2"：J2EE 更名为 Java EE，J2SE 更名为 Java SE，J2ME 更名为 Java ME。

2006 年 12 月，Sun 公司发布 JDK 6.0。

2010 年 9 月，Sun 公司发布 JDK 7.0，增加了简单闭包功能。

2014 年 3 月，Sun 公司发布 JDK 8.0，增加了 Lambda 表达式等新特性。

2017 年 9 月，Sun 公司发布 JDK 9.0，增加了模块化源代码等新特性。

2018 年 3 月，Sun 公司发布 JDK 10，从 2018 年开始，每 6 个月就会发布一个 Java 版本，以更快地引入新特性。

1.1.2　Java 语言的特点

Java 语言是一种高级的、通用的、面向对象的程序设计语言。其语法与 C 和 C++类似，但在组织结构上与它们截然不同。它是一种完全面向对象的程序语言，程序的基本处理单位是类。由于当初在设计 Java 的时候，倾向于把它设计成一种具有生产力的语言，而不仅是研究性的语言，因此在学习运用 Java 语言的时候，能很快感受到它的便利与强大功能。Java 语言有如下特点。

1. 简单的特性

Java 语言的语法与 C 和 C++很接近，使得大多数程序员很容易学习和使用。另一方面，Java 丢弃了 C++中很少使用的、很难理解的、令人迷惑的那些特性，如操作符重载、多继承、自动的强制类型转换等。Java 语言不使用指针，并提供了垃圾自动回收机制，使得程序员不必为内存管理而担忧。

2. 面向对象的特性

面向对象是 Java 语言最重要的特性。Java 语言提供类、接口和继承等原语，为了简单起见，只支持类之间的单继承，但支持接口之间的多继承，并支持类与接口之间的实现机制。Java 全面支持动态绑定，而 C++只对虚函数使用动态绑定。总之，Java 是一个纯粹的面向对象的程序设计语言。

3. 分布式处理的特性

Java 支持 Internet 应用的开发，在基本的 Java 应用编程接口中有一个网络应用编程接口，它提供了用于网络应用编程的类库，包括 URL、URLConnection、Socket、ServerSocket 等。Java 应用程序可通过一个特定的 URL 来打开并访问对象，就像访问本地文件系统一样简单方便。

4. 健壮特性

Java 的强类型机制、异常处理、垃圾的自动回收机制等是 Java 程序健壮性的重要保证。对指针的丢弃是 Java 的明智选择。Java 的安全检查机制使得 Java 更具健壮性。

5. 结构中立的特性

Java 程序（扩展名为.java 的文件）在 Java 平台上被编译为体系结构中立的字节码格式（扩展名为.class）。只要安装了 Java 运行时系统，Java 程序就可以在任意的处理器上运行。

6. 安全特性

Java 的安全性可从 4 个方面得到保证。

1）Java 语言自身提供的安全。在 Java 语言里，指针、释放内存等 C++中的功能被删除，避免了非法内存操作。

2）编译器提供的安全。当 Java 用来创建浏览器时，语言功能和浏览器本身提供的一些功能结合起来，使它更安全。Java 代码在机器上执行前，要经过很多次的测试。它需要通过代码校验、指针操作检测、是否正改变一个对象的类型的检测等测试。

3）字节码校验。如果字节代码通过代码检验没有返回错误，可以确定代码没有堆栈上溢出和下溢出，所有操作代码参数类型都是正确的，并且没有发生非法数据转换。

4）类装载。类装载通过将本机类与网络资源类在名称上区分开来保证安全性，从网络上下载的类被调进不同的命名空间，由于调入类时总要经过检查，因此避免了特洛伊木马病毒的出现。

7. 可移植的特性

这种可移植性来源于体系结构中立性，另外，Java 还严格规定了各个基本数据类型的长度。Java 系统本身也具有很强的可移植性，Java 编译器是用 Java 实现的，解释器是用标准 C 实现的。

8. 解释的特性

Java 编译器将 Java 源文件生成类文件，扩展名为.class。类文件可通过 Java 命令加载、解释、执行，将 Java 代码转换为机器可执行代码。Java 解释器能直接运行目标代码指令。

9. 高性能的特性

与那些解释型的高级脚本语言相比，Java 是高性能的。事实上，Java 的运行速度随着 JIT（Just-In-Time）编译器技术的发展越来越接近 C++。

10. 多线程的特性

Java 语言内置支持多线程功能，使得在一个程序里可同时执行多个小任务。多线程带来的好处是更好的交互性能和实时控制性能。

11. 动态的特性

Java 语言的设计目标之一是适应动态变化的环境。Java 程序需要的类能够动态地被载入运行环境，也可以通过网络来载入所需要的类。

1.1.3　Java 与 C++的比较

Java 提供了一个功能强大语言的所有功能，并且几乎没有一点含混特征。C++的安全性不高，但 C 和 C++有着大量的用户，因此 Java 被设计成与 C++相似的形式，以便用户学习。Java 去掉了 C++语言的许多功能（Java 语言很精炼），并增加了一些很有用的功能，因此 Java 和 C++之间存在着一些显著的差异。事实上，这些差异正是技术进步的表现，因此读者需要特别关注这些差异。Java 语言与 C++语言的比较可见表 1-1。

表 1-1　Java 语言与 C++语言的比较

项　　目	Java 语言	C++语言
全局变量	不存在全局变量	存在全局变量
数据类型	整数类型中没有无符号整数	整数类型分有符号整数和无符号整数
类型转换	转换时进行兼容性检查，安全性好	通过指针可进行任意的类型转换
范围运算符	无	有作用域运算符 "::"
数组	通过对象操作，有 length 属性	通过指针操作，无 length 属性
内存管理	内存使用后不必回收，有垃圾自动回收机制	内存使用后必须回收，否则造成内存崩溃
提前声明	不必提前声明	须先声明后使用
预处理	无预处理机制	有预处理机制
头文件	import 包	include 头文件，维护相对困难
指针	无	有，功能强，但带来安全问题
goto 关键字	作为保留的关键字，无作用	有，可以使用
virtual 关键字	无	有
结构、联合和枚举	不支持	支持
注释文档	支持	不支持
多重继承	不允许，但允许一个类实现多个接口	允许
操作符重载	不支持	支持
字符串	支持字符串变量	不支持字符串变量

1.1.4　Java 程序的工作机制

Java 语言的核心设计理念是跨平台和安全性，为此，Java 发展了 Java 虚拟机、Java 字节码和垃圾自动回收机制三大核心技术。

1-1
Java 程序的工作机制

1. Java 虚拟机

平台无关性是 Java 最重要的特性，而实现这一特性的基础就是 Java 虚拟机（Java Virtual Machine，JVM）。从底层看，Java 虚拟机是以 Java 字节码为指令组的软 CPU。图 1-1 显示了 Java 程序运行过程。从图中可以看出，在服务器端，首先由开发人员编写 Java 源程序并存储为.java 文件；其次，Java 编译器将.java 文件编译成字节码并保存为.class 文件；最后将.class 文件存放在 Web 服务器上。在客户端，用户访问服务

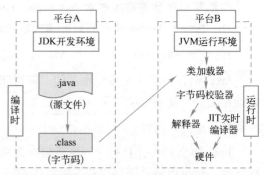

图 1-1　Java 程序运行过程

器端的主页，下载 Java 程序，再依赖本地 Java 虚拟机对.class 文件解释和执行。

Java 虚拟机包含类加载器、字节码校验器和 JIT 实时编译器。类加载器用来取得从网络获取的或存于本地机器上的类文件字节码。由字节码校验器检查这些类文件的格式是否正确，以确保在运行时不会有破坏内存的行为。Java 解释器将字节码解释并翻译成机器码，而 JIT 实时编译器也可将字节码转为本地机器码，但它可使原本是解释执行方式的虚拟机提高到编译时的运行效率。

2．Java 字节码

Java 源程序通过 Java 编译器编译后的产品是字节码文件（.class），该字节码与机器码不同，它不是真实 CPU 可执行的机器代码，故又称伪代码。字节码文件需要由 JVM 在执行期间编译成能被本地机器识别的机器码，然后交给操作系统执行（见图 1-1）。因此，Java 的跨平台性不仅指源代码级的跨平台，而且指可执行文件的跨平台，只要目标操作系统安装了 JVM，就可以执行任意的字节码文件，从而实现"Write Once，Run Anywhere"。

3．垃圾自动回收机制

Java 语言的一个显著特点是引入了垃圾自动回收机制，使 C++程序员最头疼的内存管理问题迎刃而解。它使得 Java 程序员在编写程序的时候不再需要考虑内存空间的释放问题，这一切工作由 Java 的垃圾自动回收机制完成。垃圾回收可以有效地防止内存泄漏，有效地使用空闲的内存。所谓内存泄漏是指该内存空间使用完毕后未回收，即内存中某个对象的生命周期超出了程序需要它的时间长度。

1.2　Java 开发环境的安装与配置

在学习一门语言之前，首先需要把相应的开发环境搭建好。要编译和执行 Java 程序，需要安装 JDK（Java Development Kit，Java 开发工具包），它是 Java 的核心，包括 Java 编译器、Java 运行工具、Java 文档生成工具、Java 打包工具等。除了 JDK，Sun 公司还提供了 JRE（Java Runtime Environment）。它是 Java 的运行环境，是提供给普通用户使用的。由于用户只需要运行事先编写好的程序，不需要自己动手编写程序，因此 JRE 工具中只包含 Java 运行工具，不包含 Java 编译工具。当然，为了方便使用，JDK 中自带了 JRE 工具，即开发环境中已经包含了运行环境，开发人员只需要安装 JDK 即可。

1.2.1　Java 开发环境的安装

Oracle 公司提供了多种操作系统的 JDK，每种操作系统的 JDK 在使用上基本类似。读者可以根据自己所使用的操作系统从 Oracle 官方网站上下载相应的 JDK 安装文件。本书以 64 位 Windows 10 操作系统为例，演示 JDK 8.0 的安装过程。检查计算机上并没有安装过 JDK，或者旧版的 JDK 已经被删除。

1-2
Java 开发环境的安装

双击从 Oracle 官方网站上下载的安装文件"jdk-8u60-windows-i586.exe"，进入 JDK 8.0 安装界面，如图 1-2 所示。单击【下一步】按钮进入自定义安装界面，如图 1-3 所示。

在图 1-3 所示界面的左侧有 3 个模块可供选择，开发人员可以根据自己的需求来选择所需要安装的模块，单击某个模块，在界面的右侧会出现对该模块功能的说明，具体如下。

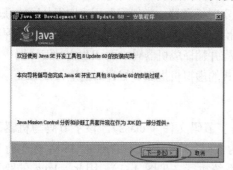

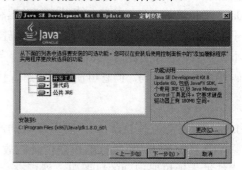

图 1-2　JDK 8.0 安装界面　　　　　　　　　　　　图 1-3　自定义安装界面

- 开发工具：JDK 中的核心功能模块，其中包含一系列可执行程序，如 javac.exe、java.exe 等，还包含了一个专用的 JRE 工具。
- 源代码：Java 提供公共 API 类的源代码。
- 公共 JRE：Java 程序的运行环境。由于开发工具中已经包含一个 JRE，因此不需要再安装公共 JRE，该项可以不选。

单击图 1-3 所示界面右侧的【更改】按钮，弹出目录选择界面，如图 1-4 所示。

将默认的安装路径由 "C:\Program Files (x86)\Java\jdk1.8.0_60\" 更改为 "C:\Java\jdk1.8.0_60\"，并单击【确定】按钮。

确定安装路径后，在图 1-3 所示界面上单击【下一步】按钮，进入 JDK 的安装进程，如图 1-5 所示。

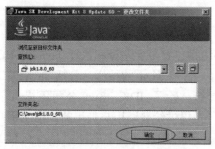

图 1-4　修改 JDK 安装路径　　　　　　　　　　　　图 1-5　JDK 安装进程

JDK 安装完毕后，进入 JRE 安装路径选择界面，如图 1-6 所示。在相应路径下新建名为 "jre1.8.0_60" 的文件夹，更改 JRE 安装路径为 "C:\Java\jre1.8.0_60"，并单击【下一步】按钮，开始安装 JRE，如图 1-7 所示。安装成功后，单击安装界面上出现的【关闭】按钮，结束 JDK 及 JRE 的安装。

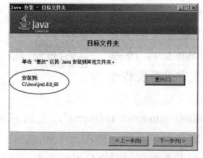

图 1-6　修改 JRE 安装路径　　　　　　　　　　　　图 1-7　JRE 安装进程

1.2.2 Java 开发环境的配置

安装完 JDK 后，需要设置环境变量并测试 JDK 配置是否成功。
具体步骤如下。

1-3
Java 开发环境
的配置

1）在计算机桌面上右击【计算机】图标，出现【系统】窗口，
显示系统基本信息，如图 1-8 所示。

图 1-8 系统基本信息

2）在图 1-8 中，单击【高级系统设置】，弹出【系统属性】对话框，如图 1-9 所示。

3）在图 1-9 中，单击【环境变量】按钮，弹出【环境变量】对话框，如图 1-10 所示。

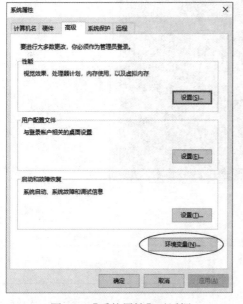

图 1-9 【系统属性】对话框   图 1-10 【环境变量】对话框

4）在图 1-10 中，单击【新建】按钮，弹出【新建系统变量】对话框，如图 1-11 所示。

5）设置变量名为"JAVA_HOME"，变量值为 JDK 的安装路径"C:\Java\jdk1.8.0_60"，如

图 1-11 所示。单击【确定】按钮返回【环境变量】对话框。在"系统变量"列表框中找到"Path"变量并单击【编辑】按钮。

6）弹出【编辑环境变量】对话框，如图 1-12 所示。单击【新建】按钮，在 Path 变量原有的文本值最后一行添加"%JAVA_HOME%\bin"，单击【确定】按钮，返回【环境变量】对话框，单击【确定】按钮，完成环境变量的设置。

图 1-11　配置 JAVA_HOME 变量　　　　　　　图 1-12　配置 Path 变量

7）当 JDK 程序安装和配置完成后，需要测试 JDK 是否能够在机器上正常工作。

选择【开始】→【所有程序】，在【搜索程序和文件】框内搜索 cmd 并打开，进入 DOS 环境。在命令提示符后面直接输入"java"并按〈Enter〉键，系统将会输出 Java 的帮助信息，如图 1-13 所示，表明已经成功地配置了 JDK。

图 1-13　查看 Java 帮助信息

1.3　Java 程序设计举例

Java 程序可分为两种类型：Java 应用程序（Java Application）和
Java 小应用程序（Java Applet），它们都是以.java 为扩展名的文件。
Java 应用程序是一个完整程序，可以独立运行；Java 小应用程序不能

1-4
Java 程序设计
举例

独立运行，可以使用 appletviewer 或其他支持 Java 的浏览器运行。下面以 Java 应用程序为例说明类、方法、注释、编译运行等概念。

【例 1.1】　简单的 Java 应用程序举例。

```
import java.io.*;                              //导入包
public class HelloWorld{                       //定义类
    public static void main(String[] args) {   //main 方法
        System.out.println("Hello,World!");    //输出数据
    }
}
```

程序执行后显示一行信息：

```
Hello,World!
```

通过这个简单的应用程序，可以大致了解 Java 应用程序的基本结构。

1．定义类

所有的 Java 应用程序都由类组成，本例中为 HelloWorld 类。关键词 class 用于声明一个新的类，public 指明这是一个公共类。Java 程序中可以定义多个类，但最多只能有一个公共类。若 Java 程序中含有公共类，则文件名必须与这个公共类名一致。

2．main()方法

一个可执行的 Java 应用程序必须有且仅有一个 main()方法，而且必须用 public、static、void 限定。public 指明所有的类都可以使用这个方法；static 指明本方法是一个类方法，可以通过类名直接调用；void 指明本方法没有返回值。在定义 main()方法的括号中，String[] args 是传送给 main()方法的参数，名称为 args，是 String 类的实例。

在 main()方法中，只有一条语句：

```
System.out.println("Hello,World!");
```

该语句用来实现字符串的输出。

3．注释

Java 中的注释方式有 3 种：单行注释、多行注释和文档注释。其中单行注释及多行注释与 C++中相同。

4．编译与执行

可以在 Java 集成开发环境中方便地编写、编译、执行 Java 程序。如果不使用集成开发环境，则需要通过 EditPlus、UltraEdit 或 Notepad 等文本编辑工具来编写代码，并使用 cmd 命令窗口编译和执行 Java 源代码，如图 1-14 所示。

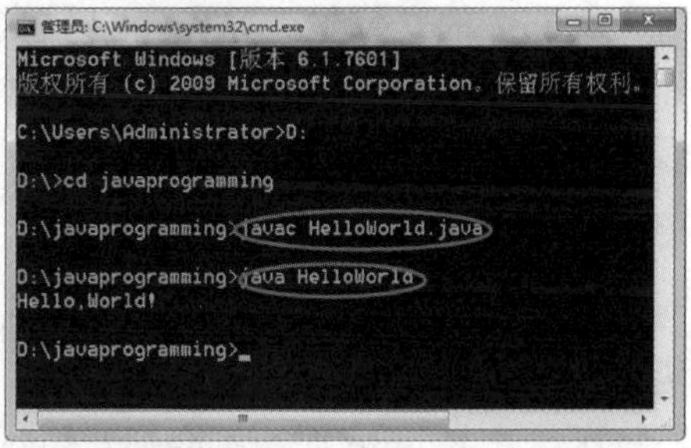

1）当用文本工具编写好上述代码后，另存为 HelloWorld.java 文件。假定文件存放在 D 盘根目录的 javaprogramming 文件夹中。

2）在 cmd 命令窗口中，进入源文件所在的文件夹。对文件进行编译：

```
javac HelloWorld.java
```

可以在相应目录中看到编译后的成果，即出现了

图 1-14　cmd 命令窗口编译和执行 Java 源代码

HelloWorld.class 文件。

3）使用 Java 解释器执行：

```
java HelloWorld
```

可以看到在屏幕上显示一行文字：

```
Hello,World!
```

5．Java 程序结构

从上面对 Java 应用程序的描述，可以知道 Java 程序的结构如下。

1）Java 程序至多有一个公共类，Java 源文件必须按照该类名命名。

2）Java 程序可以有一个或多个其他类。

3）当需要从某个类继承或使用某个类及其方法时，使用 import 引入该类的定义。

4）Java 程序组成结构为：

```
package                   // 0 个或 1 个，必须放在文件开始
import                    // 0 个或多个，必须放在所有类开始之前
public class Definition   // 0 个或 1 个，文件名必须与该类名相同
class Definition          // 0 个或多个
interface Definition      // 0 个或多个
```

1.4　Eclipse 开发工具的安装及使用

在实际项目开发过程中，由于使用记事本编写代码速度慢，且不容易排查错误，因此程序员一般会使用集成开发环境（Intergrated Development Enviroment，IDE）来开发 Java 应用程序，如 Eclipse 或 NetBeans 等。本节将介绍主流的 Java 集成开发工具 Eclipse 的安装与使用步骤。

1.4.1　Eclipse 的安装及内部架构

Eclipse 是由 IBM 公司开发的一款功能完整且成熟的集成开发环境，它是一个开源的、基于 Java 的可扩展开发平台，是目前最流行的 Java 语言开发工具。Eclipse 具有强大的代码编排功能，可以帮助程序开发人员完成语法修正、代码修正、补全文字、信息提示等编码工作，大大提高了程序开发的效率。

1．安装 Eclipse 开发工具

Eclipse 的安装非常简单，可以登录https://www.eclipse.org/downloads/下载。它是一款绿色软件，下载后直接解压缩就可以使用。本节以 eclipse-java-luna-SR1-win32-x86_64 为例，解压缩后得到的目录结构如图 1-15 所示。

2．启动 Eclipse 开发工具

双击 eclipse.exe 文件，运行集成开发环境，打开如图 1-16 所示的对话框。单击【Browse】按钮，可以选择 Eclipse 的工作空间，或者直接在"Workspace"文本框中输入工作空间地址。在每次启动 Eclipse 时，都会打开如图 1-16 所示的设置工作空间对话框，若想以后启动时不再

进行工作空间的设置，可以勾选"Use this as the default and do not ask again"复选框，单击【OK】按钮即可进入 Eclipse 工作界面，如图 1-17 所示。

图 1-15　Eclipse 解压后的目录结构　　　　　　　图 1-16　设置工作空间对话框

图 1-17　Eclipse 工作界面

3. Eclipse 工作界面

进入 Eclipse 工作界面后，就可以开始编写 Java 应用程序了。下面首先介绍工作界面的各组成部分。

1）包资源管理器视图：默认位于界面左侧，以树形结构显示项目列表以及项目的层次结构。Java 源代码文件被保存在 src 目录或其子目录中。

2）文本编辑器视图：位于中部靠上位置，用于编辑 Java 源代码文件。当打开文件、程序代码或其他资源时，Eclipse 会选择最适当的编辑器打开文件。若是纯文字文件，Eclipse 就用内建的文字编辑器打开；若是 Java 程序代码，就用 JDT 的 Java 编辑器打开；若是 Word 文件，就用 Word 打开。

3）问题视图、文档视图、声明视图、控制台视图：这块区域包含 4 个选项卡，默认位于中部靠下位置，问题视图（Problems）显示错误和警告信息；文档视图（Javadoc）显示生成的文档信息；声明视图（Declaration）用于把选中的整个方法完整地显示出来；控制台视图（Console）显示程序运行结果。

4）任务列表视图（Task List）：用于管理任务的计划或进度，并非核心视图。

5）大纲视图（Outline）：显示当前源文件的结构信息，并非核心视图。

1. 新建 Java 项目

在 Eclipse 菜单中单击【File】→【New】→【Java Project】，弹出新建 Java 项目对话框，如图 1-18 所示。输入相应的项目名称 javaprogramming，单击【Finish】按钮，直接进入 Eclipse 工作界面。

2. 在项目下创建包

展开刚刚创建的 Java 项目 javaprogramming，可以发现有一个 src 文件夹，Java 源代码默认存放在这里。右击【src】并选择【New】→【Package】，弹出新建 Java 包对话框，如图 1-19 所示。输入包名 chap01，并单击【Finish】按钮，可以在 src 文件夹下看到新建的 chap01 包，但目前 chap01 包内并没有任何内容。

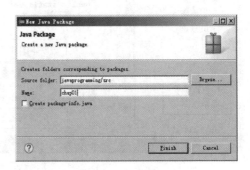

图 1-18　新建 Java 项目　　　　　　　　　　　　图 1-19　新建 Java 包

3. 在 chap01 包内创建 Java 类

在刚刚创建的 Java 包 chap01 上右击并选择【New】→【Class】，弹出新建 Java 类对话框，如图 1-20 所示。输入相应的类名 HelloWorld，并勾选复选框 "public static void main（String[] args）"。单击【Finish】按钮，进入文本编辑器视图，如图 1-17 所示。

4. 完善 Java 程序

在 main()方法中添加如下一行代码，如图 1-17 所示。

```
System.out.println("HelloWorld!");
```

5. 编译运行 Java 程序

首先选中需要编译运行的 Java 文件。Java 源文件 HelloWorld.java 位于 src 文件夹中的 chap01 包内，如图 1-21 所示。通常有 3 种编译运行方式。

1）光标指向 Eclipse 工具栏上的快捷方式 ，会出现 "Run HelloWorld" 的消息提示。单击此按钮，编译运行刚刚创建的 Java 程序，可以从控制台视图中看到程序的运行结果。

2）单击 Eclipse 菜单项上的【Run】→【Run】，编译运行程序。

3）右击【HelloWorld.java】并选择【Run As】→【Java Application】，勾选需要编译运行的

Java 源文件，单击【Run As】即可。

图 1-20　新建 Java 类

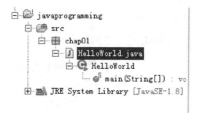

图 1-21　Java 源文件的位置

 【任务实现】

工作任务 1 **安装 JDK 并熟悉 Eclipse 开发环境**

---

1. 任务描述

学习与使用 Java 之前，首先需要安装 JDK 和 JRE，并通过编写 HelloWorld 程序熟悉 Eclipse 开发环境。

2. 相关知识

本任务的实现，需要了解 JDK 与 JRE 的概念，熟悉常见程序的安装过程，了解 JDK 环境变量的配置，并了解创建和编译运行 Java 应用程序的一般流程。

3. 任务设计

➢ 安装 JDK 与 JRE。

➢ Java 环境变量的配置。

➢ Java 程序开发的一般流程。

主程序实现步骤：

1）在 Eclipse 中建立 Java 项目。

2）代码编写及编译运行。

4. 任务实施

1）安装 JDK 与 JRE（参见第 1.2.1 节）。

2）配置 Java 环境变量（参见第 1.2.2 节）。

3）安装 Eclipse 开发环境（参见第 1.4.1 节）。

4）创建并编译运行 Java 项目（参见第 1.4.2 节）。

程序代码如下:

```java
package chap01;
public class HelloWorld {
    public static void main(String[] args) {
        System.out.println("HelloWorld!");
    }
}
```

5. 运行结果

运行结果如图 1-22 所示。

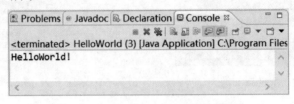

图 1-22　工作任务 1 运行结果示意图

6. 任务小结

本任务进行了 JDK 与 JRE 的安装,并配置了 JDK 环境变量,然后通过 HelloWorld.java 这个简单的应用程序了解创建并编译运行 Java 应用程序的一般流程。

【本章小结】

本章首先介绍 Java 技术的相关概念以及 Java 语言的特点,并给出了 Java 程序设计的例子,接着详细介绍 Java 开发环境的搭建,包括 JDK8 的安装与配置。通过本章的学习,读者能够编写最基本的 Java 应用程序,并能够编译、运行。

【习题 1】

一、选择题

1. 下列可以编译 Java 源文件的工具是(　　)。
   (A) javac　　　　　(B) jdb　　　　　(C) javadoc　　　　　(D) junit
2. 以下关于支持 Java 运行平台的叙述错误的是(　　)。
   (A) Java 可在 Solaris 平台上运行
   (B) Java 可在 Windows 平台上运行
   (C) Java 语言与平台无关,Java 程序的运行结果依赖于操作系统
   (D) Java 语言与平台无关,Java 程序的运行结果与操作系统无关
3. JVM 在执行一个 Java 类时,大致采用以下(　　)过程。
   (A) 执行类中的代码→装载类→校验类

　　（B）校验类→装载类→执行类中的代码

　　（C）装载类→执行类中的代码→校验类

　　（D）装载类→校验类→执行类中的代码

4. 当运行一个 Java 程序时，传递参数的格式是（　　　）。

　　（A）java 类名 参数 1, 参数 2　　　　　（B）javac 类名 参数 1 参数 2

　　（C）java 类名 参数 1 参数 2　　　　　（D）java 类名 参数 1+ 参数 2

5. 环境变量 Path 中含有多个路径时，路径和路径之间可以用（　　　）来分隔。

　　（A）;　　　　　　　（B），　　　　　　（C）|

二、填空题

1. Java 语言有＿＿＿＿＿＿＿＿、＿＿＿＿＿＿＿＿和＿＿＿＿＿＿＿＿三大核心技术。

2. Java 程序源代码用＿＿＿＿＿＿＿＿命令进行编译，用＿＿＿＿＿＿＿＿命令运行程序。

3. Java 源文件的扩展名是＿＿＿＿＿＿＿＿，字节码文件的扩展名是＿＿＿＿＿＿＿＿。

三、简答题

1. 简述 Java 语言的发展历史。

2. 简述 Java 语言的特点。

3. 简述 Java 虚拟机的工作原理。

四、编程题

试编写一个"I Love Java!"的独立应用程序，并编译运行。

第2章　Java 语言基础

【引例描述】

➢ 问题提出

在开发"职工工资管理"程序时，需要提供和用户交互的界面，如界面提示"请输入职工姓名："，用户可以在交互界面输入职工姓名。如何实现在界面输出提示信息？如何接收用户输入的信息？用户输入职工信息后，这些信息存储在哪里？

➢ 解决方案

本章介绍 Java 的基本语法、常量与变量、8 种基本数据类型、表达式以及简单的输入输出。

通过本章学习，读者可掌握 Java 中的常量、变量和不同数据类型表达数据信息的方法；掌握 Java 运算符的使用方法和 Java 输入与输出方法；能综合运用所学知识实现工资计算器界面设计任务。

【知识储备】

2.1　标识符、关键字和分隔符

在程序中，编程人员要对程序中的变量、类、方法、标号、数组、字符串和对象等元素进行命名，这种命名记号称为标识符。

2-1
关键字与标识符

2.1.1　Java 标识符

标识符用来表示变量、常量、类、方法、数组、文件、接口、包等元素的名字。Java 语言中的标识符是由字母、下画线、美元符号（$）和数字组成，并且需要遵守以下的规则：

1）区分大小写。

2）应以字母、下画线或$符号开头，不能以数字开头。

3）没有长度限制，标识符中最多可以包含 65 535 个字符。

4）不能使用 Java 中的关键字。

合法的标识符有：

Class　abc　_a　$value　a3 area my_int　变量1　你好

由于 Java 语言内置了对 Unicode 字符编码的支持，因此 Java 字母（Java letter）包含了中文、日文、韩文等，因此"变量 1""你好"等也是合法的标识符。但在实际应用中，不建议用中文作为标识符。

不合法的标识符有：

class　2a　hello!　Build#3　my-int

其中 class 是 Java 预留的关键字，2a 以数字开头，而 hello!、Build#3、my-int 中出现了非法字符，因此都不是合法的标识符。

2.1.2　关键字

Java 语言中，关键字是具有特殊意义和用途的标识符，由系统专用，用户不能将其定义为标识符。另外，Java 中有 2 个保留字，现有 Java 版本尚未将其作为关键字来使用，但以后的版本可能会作为关键字使用，命名标识符时要避免使用这些保留字。关键字和保留字均用小写字母表示，按字母顺序如表 2-1 所示。

表 2-1　Java 中的关键字和保留字

序号	关键字/保留字	序号	关键字/保留字	序号	关键字/保留字	序号	关键字/保留字	序号	关键字/保留字
1	abstract	11	assert	21	boolean	31	break	41	byte
2	case	12	catch	22	char	32	class	42	const（保留字）
3	continue	13	default	23	do	33	double	43	else
4	enum	14	extends	24	final	34	finally	44	float
5	for	15	goto（保留字）	25	if	35	implements	45	import
6	instanceof	16	int	26	interface	36	long	46	native
7	new	17	package	27	private	37	protected	47	public
8	return	18	strictfp	28	short	38	static	48	super
9	switch	19	synchronized	29	this	39	throw	49	throws
10	transient	20	try	30	void	40	volatile	50	while

2.1.3　分隔符

Java 语言中的分隔符用于分隔标识符、操作数、关键字或语句。常用的分隔符有 7 种，其功能和作用分别如下。

圆括号（( )）：在定义和调用方法时使用，用来容纳参数列表；在控制语句或强制类型转换组成的表达式中使用，用来表示执行或计算的优先级。

花括号（{ }）：用来包括自动初始化数据时赋给数组的值；也用来定义语句块、类、方法以及局部范围。

方括号（[ ]）：用来声明数组的类型；也用来表示对数组的引用。

分号（ ; ）：用来终止一个语句。

逗号（ , ）：在变量声明中，用来分隔变量表中的各个变量；在 for 控制语句中，用来将圆括号中的语句连接起来。

句号（ . ）：用来将软件包中的名字与其子包或类分隔；用来调用引用变量的变量或方法；也用来引用数组的元素。

空格（ _ ）：广义的空白字符包括空格、换行符、Tab 制表字符等，连续多个空格与一个空格的效果相同。

2.1.4　代码注释

Java 语言共有 3 种代码注释形式，分别是单行注释、多行注释和文档注释。

单行注释的形式为： //这里是单行注释的内容

多行注释的形式为： /*

　　　　　　　　　多行注释的内容

　　　　　　　　　…

　　　　　　　　　*/

文档注释的形式为： /**

　　　　　　　　　文档注释的内容

　　　　　　　　　…

　　　　　　　　　*/

文档注释是多行注释的变形，可用 javadoc.exe 提取程序文件中的文档注释，以此来制作 HTML 帮助文档。

2.2 数据类型

现实生活中的数据有不同类型之分，如在计算职工工资时，职工人数为整数，职工姓名为字符串，职工工资为浮点数等。

2-2
数据类型

2.2.1 数据类型的划分

Java 语言中的数据类型分为基本数据类型和引用数据类型。基本数据类型共有 8 种，包括 4 种整数类型（byte、short、int 和 long）、两种实数类型（也称浮点类型）、字符类型（char）和布尔类型（boolean）。引用数据类型包括字符串（String）、类（class）、接口（interface）、数组等，其中字符串类型兼具某些基本数据类型的特征。另外，也有文献把空类型（void）看作是一种数据类型。Java 数据类型如图 2-1 所示。

图 2-1 Java 数据类型

2.2.2 基本数据类型

在栈中可以直接分配内存的是基本数据类型。

1. 整数类型（简称整型）

整型是没有小数部分的数据类型。Java 提供字节型（byte）、短整型（short）、整型（int）

和长整型（long）4 种整数类型，这些整数类型都有正负数之分。每种整型占用的二进制位数和取值范围见表 2-2。

表 2-2　整数类型的取值范围

类　型	占 用 位 数	取 值 范 围
byte	8	$-2^7 \sim 2^7-1$（$-128\sim127$）
short	16	$-2^{15} \sim 2^{15}-1$（$-32768\sim32767$）
int	32	$-2^{31} \sim 2^{31}-1$
long	64	$-2^{63} \sim 2^{63}-1$

int 类型是最常用的整数类型，它表示的数据范围已经足够大了，基本能满足现实生活的需要。如果需要表示更大的整数，这时就要用 long。由于 Java 中的整型默认为 int，在表示长整型时需要在数值后面加大写字母 L 或小写字母 l，如 8L、-10l，此时整数占用 64 位存储空间。鉴于字母 l 与数字 1 非常容易混淆，强烈推荐使用 L。

除了日常生活中使用的十进制表示形式外，Java 中的整数常量也可以采用八进制或十六进制表示形式。八进制整数常量以 0 为前缀，使用数字 0～7 表示，如 065 为八进制形式的整数常量，等价于十进制中的 53。十六进制数用 0～9 及 A～F（a～f）表示，并以 0x 或 0X 为前缀，如 0xa02F 为十六进制的整数常量。

2．浮点类型

浮点类型是带有小数部分的数据类型，也称实数类型（简称实型）。Java 中有单精度浮点型（float）和双精度浮点型（double）两种类型的浮点数，每种类型占用的二进制位数和取值范围见表 2-3。

表 2-3　浮点类型的取值范围

类　型	占 用 位 数	取 值 范 围
float	32	$-3.4\times10^{38} \sim 3.4\times10^{38}$
double	64	$-1.7\times10^{308} \sim 1.7\times10^{308}$

最常用的浮点类型是 double，如 3.14D、2.5d 等都是 double 类型。默认情况下，可以省略其后缀 D 或 d。若要指定 float 类型的数据，则须在浮点数后面加后缀 F 或 f，如 3.14F 或 2.5f 为 float 类型的数据。

3．布尔类型

布尔类型用于表达两个逻辑状态之一的值，也称为逻辑类型。Java 中的布尔类型变量是 boolean，取值只能为 true 和 false 两者之一，true 代表逻辑"真"，false 代表逻辑"假"。与 C/C++不同的是，Java 中的布尔值不能与 0、1 相互转换。

布尔类型通常被用在流程控制中，作为判断条件。

```
boolean flag = true;
```

4．字符类型

字符类型 char 用于表示单个字符，如字母、数字、标点符号或其他符号。Java 使用 Unicode 字符集，因此 char 类型的数据均是 16 位，不管是英文还是中文，都占用两个字节的内存空间。字符类型常量用一对单引号括起来，比如'K'、'a'、'3'、'你'。也可以使用 Unicode 编码来表示字符值，用\u 开头的 4 个十六进制数表示，如'\u0041'表示'A'.

Java 中有以反斜杠（\）开头的字符，反斜杠将其后面的字符转变为另外的含义，称为转义字符。Java 中常用的转义字符如表 2-4 所示。

表 2-4　Java 中常用的转义字符

转 义 字 符	Unicode 编码	含 　 义
\b	\u0008	Backspace（退格）
\t	\u0009	Tab（制表符）
\n	\u000A	Line Feed（换行）
\f	\u000C	Form Feed（换页）
\r	\u000D	Carriage Return（回车）
\"	\u0022	Double Quote（双引号）
\'	\u0027	Single Quote（单引号）
\\	\u005c	Backslash（反斜杠）
\ddd		1～3 位八进制数所表示的字符
\uxxxx		十六进制的 Unicode 字符，如'\2606'对应字符'☆'

5. 字符串类型

字符串类型是程序设计中的常用类型，虽然字符串不是 Java 语言的基本数据类型，但它具有许多基本数据类型的特征，比如可以声明字符串变量，对字符串变量直接赋值等。

字符串是包含在" "中的字符序列，序列中字符的个数称为字符串的长度，长度为 0 的字符串为空串。以下为部分字符串。

```
"Hello World!"
"欢迎！"
" "       // 字符串中有一个空格字符，长度为 1
""        // 空串，长度为 0
null      // 空对象，不指向任何实例
```

字符串变量的声明格式为：

```
String 变量名;
```

变量声明后就可以对其赋值：

```
String s1 = "Hello" ,s2 ;   // 声明 String 型变量 s1 和 s2，同时给 s1 赋值
s2="World!";                 // 给 s2 赋值为 "World!"
String s3 = s1+s2 ;          // s3 为 "HelloWorld!"
```

其中 "+" 运算将两个字符串连接成一个新的字符串。若其中某个操作数为其他数据类型，则先将其隐式转换成字符串，然后再进行字符串连接运算。例如：

```
// 先将数值 800 转化为字符串"800"，再进行连接运算
System.out.println("职工津贴为每月"+800+"元");
```

6. 数据类型转换

整型、字符型、浮点型数据可以混合运算。不同优先级类型的数据需要先转换为同一类型，再进行运算。Java 中类型的优先级由低级到高级分别为(byte, short, char)→int→long→float→double。

（1）自动类型转换

当出现混合运算时，类型转换的一般原则是低优先级（位数少）的类型转换为高优先级（位数多）的类型，称作自动（隐式）类型转换。当将某种类型的值赋给另一种类型的变量时，如果这

两种类型是兼容的，就可以将低优先级类型的值赋给高优先级类型的变量。例如当将 int 型值赋给 long 型的变量时，Java 执行自动类型转换。如下面的语句可以在 Java 编译器中直接通过：

```
byte a = 10;          // 定义字节型变量 a
int i = a;
float f = a;
```

（2）强制类型转换

若将高优先级的值赋给低优先级的变量，如将 long 型值赋给 int 型变量，则可能造成信息的丢失，这时 Java 不能执行自动类型转换，编译器需要程序员通过强制（显式）类型转换的方式确定这种转换。强制类型转换的一般形式为：

```
(type)expression
```

例如：

```
float f = 5.5F;            // 定义单精度型变量 f
short s = (short) f;       // 高优先级到低优先级的强制类型转换
int i = (int) f + 100;     // 先将 f 转化为 int 型，存放在临时变量中
                           // 然后与 100 相加，将结果赋给 i ; f 的类型不变，仍为 float 型
```

2.3　常量和变量

在程序中使用各种数据类型时，其表现形式有两种：常量和变量。常量是在程序执行过程中取值始终保持不变的量，而变量是在程序执行过程中取值可以发生变化的量。

2-3
常量和变量

2.3.1　常量

如果在程序中的多处用到某个特定值，则可以将其定义为常量。这样，一方面可以避免反复输入同一个值，另一方面当该值发生变化时，只须在声明处修改一次。常量有字面（Literal）常量和符号常量两种形式。

字面常量是指其数值意义如同字面所表示的一样，例如 78，就表示值和含义均为 78。常量分不同的数据类型，如整型常量 123，实型常量 4.56，字符常量'A'，布尔类型常量 true 和 false，字符串常量"I like Java. "。

符号常量是用 Java 标识符表示的常量，可以使用保留字定义符号常量，符号常量定义的一般格式如下：

```
<final> <数据类型> <符号常量标识符> = <常量值>
final int COUNT = 100 ;
final double PI = 3.14159 ;
```

常量只能赋值一次，为了使其与变量区别开，习惯上常量名中的字母全部为大写。

2.3.2　变量

变量是 Java 程序中用于标识数据的存储单元。Java 是强类型语言，所有变量必须先声明再使用，变量定义的一般格式如下：

[修饰符] <数据类型> <变量标识符> [= <初始值> ，<变量标识符> = <初始值> ，…];

其中修饰符是可选项；数据类型是指变量的值所属的类型，变量标识符也就是通常所说的变量名，变量的初始值也是可选项。变量定义示例如下：

```
int i;
double x = 1.23;
String str1, str2;
```

【例 2.1】 常量和变量的使用。

```
public class Example2_1 {
    static final double PI = 3.14 ;      // 声明常量 PI，必须赋值
    static int member = 20 ;             // 定义 int 型成员变量，并赋值
    public static void main(String[] args) {
        final int number ;               // 声明 int 型的常量，可以不赋值
        number = 10 ;                    // 第一次对常量赋值
        member = 21 ;                    // 对变量重新赋值
        // number = 11 ;                 // 代码错误，不能对常量重新赋值
        // PI = 3.14159;                 // 代码错误，不能对常量重新赋值
    }
}
```

2.4 运算符和表达式

Java 语言中对数据的处理过程称为运算，用于表示运算的符号称为运算符，它由 1～3 个字符结合而成。虽然运算符是由数个字符组合而成的，但 Java 将其视为一个符号。参加运算的数据称为操作数，按操作数的个数来划分，运算符的类型有：一元运算符（如++）、二元运算符（如*）和三元运算符（如?:)。按功能划分，运算符的类型有：算术运算符、关系运算符、布尔运算符、位运算符、赋值运算符、条件运算符和其他运算符。

2-4
算术运算符与
算术表达式

2.4.1 算术运算符

算术运算符主要完成算术运算。Java 中常见的算术运算符如表 2-5 所示。

表 2-5 Java 中常见的算术运算符

操作数	运 算 符	运 算	范 例	结 果
一元	+	正号	+5	5
	-	负号	a= 6；- a；	-6
	++	自增（前）	a = 6; b = ++a;	a = 7; b = 7;
	++	自增（后）	a = 6; b = a++;	a = 7; b = 6;
	--	自减（前）	a = 6; b = --a;	a = 5; b = 5;
	--	自减（后）	a = 6; b = a--;	a = 5; b = 6;
二元	+	加	b= 5 + 6;	11
	-	减	a = 3 - 5;	-2
	*	乘	a = 3 * 5;	15
	/	除	a = 13/ 3;	4
	%	取模（求余数）	a = 13 % 3;	1

使用算术运算符时需要注意如下几个方面。

1）进行二元运算时，如果两个操作数的类型不同，将会首先自动进行类型转换。

2）对两个整数进行除法操作时，所得结果为整数，小数部分将被丢弃。

3）增量、减量运算符只能用于变量，不能用于常量和表达式。

4）Java 对加运算符"+"进行了扩展，以用于字符串的连接，如"abc"+"de"，得到的结果为新串"abcde"。

【例 2.2】　算术运算符使用示例。

```java
public class Example2_2 {
    public static void main(String[] args) {
        int a = 3 + 4 ;   // a=7
        int b = a * 3 ;   // b=21
        int c = b / 4 ;   // c=5
        int d = b % 4 ;   // d=1
        double e = 15.5 ;
        double f = e % 4 ;  // f=3.5
        int i = 6 ;
        int j = i++ ;  // i=7,j=6;
        int k = ++i ;  // i=8,k=8;
        System.out.println( "a= " + a );
        System.out.println( "b= " + b );
        System.out.println( "c= " + c );
        System.out.println( "d= " + d );
        System.out.println( "f= " + f );
        System.out.println( "i= " + i );
        System.out.println( "j= " + j );
        System.out.println( "k= " + k );
    }
}
```

程序运行结果如图 2-2 所示。

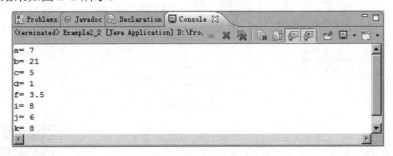

图 2-2　算术运算符运算结果

2.4.2　关系运算符

关系运算是比较两个数据之间的大于、小于或等于关系的运算，结果返回逻辑值（true 或 false）。关系运算符两边的数据类型应该一致。Java 提供 6 种关系运算符，如表 2-6 所示。

2-5
关系运算符与
关系表达式

表 2-6 Java 中的关系运算符

操作数	运算符	运 算	范 例	结 果
二元	>	大于运算	7 > 9	false
	>=	大于等于运算	9 >= 9；9 >= 7	true
	<	小于运算	7 < 9	true
	<=	小于等于运算	7 <= 9；9 <= 9	true
	==	等于运算	9 == 7	false
	!=	不等于运算	9 != 7	true

整数或浮点数的关系运算是比较两个数的大小，字符型数据的关系运算是比较其 Unicode 码的大小，boolean 值只能进行==或!=两种比较运算。

Java 中，任何数据类型的数据（包括基本类型和引用类型）都可以通过==或!=来比较是否相等。关系运算符常与布尔逻辑运算符一起使用，作为流程控制语句的判断条件。

关系运算符的优先级别低于算术运算符，关系运算符的执行顺序自左至右。

【例 2.3】 关系运算符使用示例。

```java
public class Example2_3 {
    public static void main(String[] args) {
        int a = 5 ;
        int b = 4 ;
        System.out.println();
        System.out.println("a>b is:" + (a>b));
        System.out.println("a=b is:" + ((--a)== b));
        System.out.println("a<b is:" + ((--a)< b));
        System.out.println("a is:" + a);
    }
}
```

程序运行结果如图 2-3 所示。

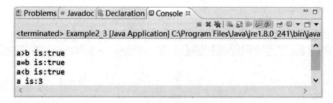

图 2-3 关系运算符运算结果

2.4.3 布尔运算符

2-6
逻辑运算符与
逻辑表达式

布尔逻辑运算符主要完成操作数的布尔逻辑运算，结果为布尔值。Java 中的布尔逻辑运算符共有 6 种，如表 2-7 所示。

表 2-7 Java 中的布尔逻辑运算符

操作数	运算符	运 算	范 例	结 果
一元	!	逻辑非（NOT）	!true	false
二元	&	非简洁与（AND）	2>3 & 5<6	false
			非简洁或（OR）	2>3 | 5<6	true

（续）

操作数	运 算 符	运 算	范 例	结 果
二元	^	逻辑异或（XOR）	5>2^7>3	false
	&&	简洁与	2>3 && 5<6	false
	||	简洁或	2>3||5<6	true

&&和&的运算结果是一样的，只有当两个操作数都为真时，结果为真。两者的区别在于，&&也称为短路与，具有短路运算功能，即若运算符左端的表达式为假，则整个表达式的值已经确定，运算符右端的表达式将不需要计算。而&不存在短路运算，在任何情况下都要计算两边的表达式。同理，||和|的运算结果也是一样的，只有当两个操作数都为假时，结果为假，但||具有短路运算功能。&和|虽然不具有短路运算功能，但可以在第 2 个表达式中增加额外的附加部分功能。当异或运算符^两端表达式的值都为 true 或都为 false 时，异或运算的结果为假，而当运算符两端表达式的值一个为 true 另一个为 false 时，异或运算的结果为真。

【例 2.4】 布尔运算符使用示例。

```java
public class Example2_4 {
    public static void main(String[] args) {
        int a = 5 ;
        int b = 4 ;
        boolean R1 = (a<b)&&((a=3)<b);   //右侧表达式发生短路现象
        System.out.println("R1=" + R1 + " a="+a+" b="+b);
        boolean R2 = (a>b)||((a=3)<b);   //右侧表达式发生短路现象
        System.out.println("R2=" + R2 + " a="+a+" b="+b);
        boolean R3 = (a<b)&((a=2)<b);    //一定会执行右侧表达式
        System.out.println("R3=" + R3 + " a="+a+" b="+b);
        boolean R4 = (a<b)|((a=3)<b);    //一定会执行右侧表达式
        System.out.println("R4=" + R4 + " a="+a+" b="+b);
    }
}
```

程序运行结果如图 2-4 所示。

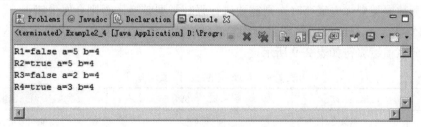

图 2-4 布尔运算符运算结果

2.4.4 位运算符

位运算符是对以二进制为单位的操作数的每一位进行操作，但运算的操作数和结果都是整型变量。位运算符共有 7 种，如表 2-8 所示。

表 2-8　Java 中的位运算符

操作数	运算符	运算	范例	结果
一元	～	按位取反	～00011001（二进制形式）	11100110（二进制形式）
	<<	按位左移	3 << 2 （11 或左移两位为 1100）	12
	>>	按位右移	5 >> 2	1
	>>>	无符号右移位	−5 >>> 30（无符号右移 30 位）	3
二元	&	按位与	3 & 5	1
	|	按位或	3 | 5	7
	^	按位异或	3 ^ 5	6

【例 2.5】 位运算符使用示例。

```java
public class Example2_5 {
    public static void main(String[] args) {
        int a = 3 ;
        int b = 4 ;
        System.out.println(a|b);
        System.out.println(a&b);
        System.out.println(a^b);
        System.out.println(a<<2);
        System.out.println(b>>2);
    }
}
```

图 2-5　位运算符运算结果

程序运行结果如图 2-5 所示。

2.4.5　赋值运算符

赋值运算符 "=" 用来把一个表达式的值赋给一个变量。如果赋值运算符两边的类型不一致，当赋值运算符右侧表达式的数据类型比左侧的数据类型优先级别低时，则把右侧表达式的数据类型自动转换为与左侧相同的高级数据类型，然后将值赋给左侧的变量。当右侧数据类型比左侧数据类型优先级高时，则需要进行强制类型转换，否则会发生错误。

2-7
赋值运算符与
赋值表达式

Java 将算术运算符或位运算符进行组合，形成复合赋值运算符，以简化某些赋值语句。Java 中的部分赋值运算符如表 2-9 所示。

表 2-9　Java 中的部分赋值运算符

运算符	运算	范例	结果
=	赋值	a = 8; b = 3;	a = 8，b = 3
+=	加和赋值	a = 8; a += b;（接第 1 行）	a = 11，b = 3
−=	减和赋值	a = 8; a −= b;（接第 1 行）	a = 5，b = 3
*=	乘和赋值	a = 8; a *= b;（接第 1 行）	a = 24，b = 3
/=	除和赋值	a = 8; a /= b;（接第 1 行）	a = 2，b = 3
%=	取模和赋值	a = 8; a %= b;（接第 1 行）	a = 2，b = 3

2.4.6　条件运算符

条件运算符"?"是三元运算符，它的一般形式为：

　　表达式 1?表达式 2:表达式 3

其中表达式 1 的值必须为布尔类型，如果结果为 true，则执行表达式 2，表达式 2 的执行结果即为整个表达式的值。如果表达式 1 的结果为 false，则执行表达式 3，表达式 3 的结果作为整个表达式的值。例如：

```
int max, a=20 , b = 15 ;
max = a>b?a:b;
```

执行的结果为 max = 20。

2.4.7　运算符优先级

对表达式进行运算时，要按照运算符的优先顺序从高到低进行，同级的运算符则按从左到右的顺序进行。表 2-10 列出了 Java 中运算符的优先顺序。

表 2-10　Java 中运算符的优先顺序

序　　号	运　算　符	类　　型	结合性
1	[ ]　.　( )（方法调用）	数组、点运算、方法调用	从左到右
2	!、~、++、--、+（正）、-（负） ( )（显式类型转换）、new	一元运算符	从右到左
3	*、/、%	乘、除与取模	从左到右
4	+、-	加、减	从左到右
5	<<、>>、>>>	移位	从左到右
6	<、<=、>、>=、instanceof	关系运算符	从左到右
7	==、!=	相等或不相等	从左到右
8	&	按位与	从左到右
9	^	按位异或	从左到右
10	|	按位或	从左到右
11	&&	逻辑与	从左到右
12	||	逻辑或	从左到右
13	?:	条件运算符	从右到左
14	=、+=、-=、*=、/=、%=、&=、 |=、^=、<<=、>>=、>>>=	赋值运算符	从右到左

2.4.8　表达式与语句

1. 表达式

表达式是由操作数和运算符按一定的语法形式组成的用来表达某种运算或含义的符号序列。如 3.5/2、2*(a+b)等都是有效的表达式。

每个表达式经过运算后都会产生一个确定的值，称为表达式的值。表达式值的数据类型称为表达式的数据类型。一个常量或一个变量是最简单的表达式。表达式可以作为一个整体，即作为一个操作数参与到其他运算中，形成复杂的表达式。根据表达式中所使用的运算符和运算结果的不同，可以将表达式分为算术表达式、关系表达式、布尔表达式、条件表达式及字符串表达式等。

2. 语句

Java 程序由语句组成，每个语句是一个完整的执行单元，以分号结尾。下列 4 种表达式后面加上分号，就成了语句。

1）赋值表达式。

2）变量的++和--运算。

3）方法调用。

4）对象创建表达式。

上述 4 类语句，称为表达式语句。Java 中除了表达式语句，还有声明语句和流程控制语句。部分语句如：

```java
int a ;          //声明了int 类型变量a
a= 3+4 ;         //赋值语句
a++ ;            //相当于 a=a+1
System.out.println("Hello World!");      //方法调用语句
Person p = new Person();                 //对象创建语句
```

其中，流程控制语句用来控制语句的执行顺序，方法调用语句和对象创建语句的用法将在后面详细介绍。

【例 2.6】　表达式示例。

```java
public class Example2_6 {
    public static void main(String[] args) {
        double width = 5.0 , height = 4.0 ;      //赋值语句
        double Area;                             //声明变量
        Area = width * height ;
        System.out.println("矩形的面积为：" + Area);   //调用方法
    }
}
```

表达式运算结果如图 2-6 所示。

图 2-6　表达式运算结果

3. 语句块和作用域

语句块由一对{}以及其中的语句组成，语句块中的语句可以有零行（空语句块），也可以有多行，空语句块留待以后再添加相关语句。任何可以使用语句的地方都可以使用语句块，通常语句块出现在流程控制、类的声明、方法的声明以及异常处理等场合。

每个语句块定义了一个作用域，在作用域内定义的变量是局部变量，局部变量只有在对应的语句块内具有可见性。语句块可以嵌套，每创建一个语句块，就创建了一个新的作用域。作

用域嵌套时，外层作用域包含内层作用域，即外层作用域定义的变量在内层作用域中可见；反之，内层作用域定义的变量对外层作用域是不可见的。

【例 2.7】 变量 i 与局部变量 j 在不同作用域的可见性示例。

```java
public class Example2_7 {
    public static void main(String[] args) {
        int i = 0 ; {
            int j = 0 ;
            System.out.println(i);  // 语句块外定义的变量，在语句块内可见
        }
        i = 10;
        // j = 5 ; // j 不可使用，语句块内定义的变量在语句块外不具有可见性
    }
}
```

在上述程序中，一对花括号 "{}" 定义了一个作用域，在这个作用域内定义的 int 型变量 j 在{}外不可见。因而当将语句 j=5 之前的注释符号删除后，将会发生错误。

2.5 简单的输入与输出

输入和输出是程序中的重要组成部分，是实现人机交互的手段。输入是指把需要加工处理的数据放到计算机内存中，而输出则是把处理的结果呈现给用户。在 Java 中，通过使用 System.in 和 System.out 对象分别与键盘和显示器发生联系而完成程序的输入与输出。

2-8
输入与输出

2.5.1 输出

System.out 对象有多个向显示器输出数据的方法。System.out 对象最常用的方法如下。

➢ println()方法：向标准输出设备（显示器）输出一行文本，并换行。

➢ print()方法：向标准输出设备（显示器）输出一行文本，但不换行。

例如：

```java
System.out.println("Hello ");
System.out.println("World!");
```

执行该段代码后将在显示器上显示如下信息：

```
Hello
World!
```

print()方法与 println()方法非常相似，两者的唯一区别在于 println()方法完成输出后开始一个新行，而 print ()方法输出后并不换行。下面代码的执行结果显示了它们的差异：

```java
System.out.print("Hello ");
System.out.print("World!");
```

执行该段代码后将在显示器上显示如下信息：

```
Hello World!
```

2.5.2 输入

1. 使用 System.in 对象

Java 语言提供了多种获取用户输入的手段，一种方法是利用 System.in 对象直接读取键盘输入，另一种更加方便的方法是利用 java.util.Scanner 间接地从 System.in 读取键盘输入。下面是两个读取键盘输入的例子。

【例 2.8】 从键盘读入一个数字。

```java
import java.util.Scanner;
public class Example2_8 {
    public static void main(String[] args) {
        Scanner sc = new Scanner(System.in);
        //输入职工工资
        System.out.println("请输入基本工资：");
        double salary = sc.nextDouble();
        System.out.println("基本工资为："+salary);
    }
}
```

程序运行结果如图 2-7 所示。

【例 2.9】 从键盘读入一个字符串。

```java
import java.util.Scanner;
public class Example2_9 {
    public static void main(String[] args) {
        Scanner sc = new Scanner(System.in);
        //输入职工基本信息
        System.out.println("请输入职工姓名：");
        String empName = sc.next();
        System.out.println("职工姓名："+empName);
    }
}
```

程序运行结果如图 2-8 所示。

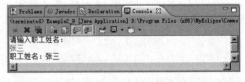

图 2-7　从键盘读入一个数字的运行结果　　　　图 2-8　从键盘读入一个字符串的运行结果

上述代码尚不完备，例如当输入的文字串中含有非数字字符时，程序将抛出异常。在 Java 中输入数据时，为了处理在输入数据的过程中可能出现的错误，需要使用异常处理机制，使得程序具有“健壮性”，本书将在后面的章节中详细介绍异常处理。

Scanner 还提供了其他的方法，例如：

```java
float nextFloat() ;        // 读取一个单精度浮点数
int nextInt() ;            // 读取一个整数
```

2. 使用命令行参数：main()方法的 String[]参数

除了从键盘获取用户的输入外，还可以通过命令行获取用户的输入，即从 main()方法的参数中读取用户的输入。

【例 2.10】　从命令行参数输入：读入用户输入（一个字符串和一个整数）。

```java
package chap02;
public class Example2_10 {
    public static void main(String[] args) {
        // 这个程序需要两个参数，第 1 个是任意字符串，第 2 个应该是一个整数
        int anInt = Integer.parseInt(args[1].trim()); // 将数字字符串转换成整数
        System.out.println("命令行的第 1 个参数是字符串:" + args[0]);
        System.out.println("命令行的第 2 个参数是整数:" + anInt);
    }
}
```

命令行的参数不是直接通过键盘输入的，而是在运行字节码文件时通过命令行指定的。如果运行环境是命令行窗口，可以通过下述命令指定参数的值：

```
java Example2_10 aString 123
```

这时程序运行的结果应该是：

```
命令行的第 1 个参数是字符串:aString
命令行的第 2 个参数是整数:123
```

如果用的是 Eclipse IDE 开发环境，直接运行该程序将会抛出异常：

```
Exception in thread "main" java.lang.ArrayIndexOutOfBoundsException: 1
    at chap02.Example2_10.main(Example2_10.java:6)
```

这时需要在 Eclipse 中指定运行参数，方法是单击菜单中的【Run】→【Run Configurations】，打开【Run Configurations】对话框，在【Arguments】中设置【Program arguments】为 "aString 123"，最后单击【Run】按钮，得到的结果与前面相同。

 【任务实现】

工作任务 2	工资计算器界面设计

1. 任务描述

在工资计算器模块中，计算工资时必须有操作提示等图形界面设计。本任务先介绍 DOS 界面下的设计。用户选择操作类型，并输入个人信息、工资信息（基本工资、津贴、奖金）以及月份数，计算职工工资，在界面上输出计算后的工资。

2. 相关知识

本任务的实现，需要了解 Java 表达式的概念，熟悉数据类型、常量和变量、运算符的使用，掌握控制台输入输出方法。

3. 任务设计

➢ 利用条件运算符编写语句，实现菜单选择功能。

➤ 利用 Scanner 对象实现职工基本信息和工资信息输入功能。

➤ 利用 System.out 对象实现职工工资信息输出功能。

主程序实现步骤：

1）显示欢迎界面及可供选择的菜单项。

2）接收菜单编号，并判断是否合法。

3）接收职工个人信息。

4）接收职工工资信息。

5）计算工资并显示。

4. 任务实施

程序代码如下：

```java
import java.util.Scanner;

public class SalaryCalculateBound {
    public static void main(String[] args) {
        //显示欢迎界面及菜单项
        System.out.println("欢迎使用职工工资计算系统！");
        System.out.println("选择进行操作的类型：1.用户类型选择 2.单个职工工资计算 3.多个职工工资计算 4.退出");

        //获取菜单项的编号
        Scanner sc = new Scanner(System.in);
        int op = sc.nextInt();

        //判断输入的菜单项编号是否在1~4 范围内
        boolean opResult = op == 1 || op == 2 || op == 3 || op == 4;
        String result = opResult ? "您选择的是1~4": "您的选择不在1~4 之间";
        System.out.println(result);

        //输入职工基本信息
        System.out.println("请输入职工姓名：");
        String empName = sc.next();
        System.out.println("职工姓名：" + empName);

        System.out.println("请输入职工性别：男 true 女 false");
        boolean sex = sc.nextBoolean();
        System.out.println("性别：" + (sex ? '男' : '女'));

        //输入工资信息，工资分为3 个部分：基本工资、津贴、奖金
        System.out.println("计算工资");
        System.out.println("请输入基本工资：");
        double basicPay = sc.nextDouble();

        System.out.println("请输入津贴：");
        float allowance = sc.nextFloat();

        System.out.println("请输入奖金：");
        int bonus = sc.nextInt();
```

```
                    //计算总工资并输出
                    double salary = basicPay + allowance + bonus;
                    System.out.println("工资: " + salary);
            }
        }
```

5. 运行结果

程序运行结果如图 2-9 所示。

6. 任务小结

本任务需选择合适的数据类型定义变量，使用条件运算符实现用户操作类型的选择，使用算术运算符计算工资，并使用 Scanner 对象及 System.out 对象实现了输入与输出功能。

图 2-9　工作任务 2 结果示意图

【本章小结】

本章介绍了 Java 中的标识符、保留字，并介绍了 Java 的基本语法、常量与变量、8 种基本数据类型、表达式以及简单的输入输出，重点介绍了 Java 中的算术运算符、关系运算符、布尔运算符、位运算符和赋值运算符的概念及使用。

【习题 2】

一、选择题

1. 现有程序代码：

```
public class Test {
    public static void main(String[] args) {
        boolean x = true;
        boolean y = false;
        short z = 42;
        if ((z++ == 42) && (y = true))
            z++;
        if ((x = false) || (++z == 45))
            z++;
        System.out.println("z=" + z);
    }
}
```

上述程序代码的运行结果为（　　）。

（A）z=42　　　　（B）z=44　　　　（C）z=45　　　　（D）z=46

2. 下列（　　）不是 int 型的常量。

（A）\u03A6　　　　（B）077　　　　（C）0xABBC　　　　（D）20

3. 下列（　　）不属于 Java 语言的基本数据类型。

　（A）int　　　　　　（B）String　　　　（C）double　　　　　（D）boolean

4. 下列（　　）不是 Java 语言的关键字。

　（A）goto　　　　　　（B）sizeof　　　　（C）instanceof　　　　（D）volatile

5. 下列（　　）不是有效的标识符。

　（A）userName　　　（B）2test　　　　　（C）$change　　　　　（D）password

二、填空题

1. ＿＿＿＿＿＿＿＿＿＿＿＿＿＿＿是 Java 语言中具有特殊意义和用途的标识符。

2. Java 语言共有 3 种代码注释形式，分别是＿＿＿＿、＿＿＿＿＿和＿＿＿＿＿＿。

3. 在程序中使用的各种数据类型，其表现形式有两种：＿＿＿＿＿和＿＿＿＿＿＿。

三、简答题

1. Java 中标识符定义的规则有哪些？

2. 下面哪些是 Java 中的标识符？

$_12hello　　My%Var　　INT &YOU　　#Me

3. Java 中包含哪些基本数据类型？

4. Java 中怎样进行注释？

5. 求出下列表达式的值。

（1）x+a%3*(int)(x+y)%2/4　　　　设 x=2.5，y=4.7，a=7

（2）(float)(a+b)/2−(int)x%(int)y　　设 a=2，b=3，x=3.5，y=2.5

（3）'a'+x%3+5/2−'\24'　　　　　　设 x=8

6. 将下列表达式写成 Java 中表达式的形式。

（1）$\dfrac{a+b}{x+y}$　　　（2）$\sqrt{p(p-a)(p-b)(p-c)}$　　　（3）$\dfrac{\sin x}{2m}$　　　（4）$\dfrac{a+b}{2}h$

7. 设有变量 **int** a=5,b=6,c=1;，求出下列表达式的值。

（1）a>b　　　（2）a!=b　　　（3）b−a==c　　　（4）a<=b

8. 设有变量 **int** a=3,b=1,x=2,y=0;，求出下列表达式的值。

（1）(a>b)&&(x>y)　　　（2）a>b && x>y　　　（3）(a>b) || (x>y)

四、编程题

1. 设计一个程序，从键盘输入一个矩形的长和宽，求矩形的周长和面积。

2. 从键盘输入一个三位数 n，拆分这个数字，百位用 a 表示，十位用 b 表示，个位用 c 表示，用这 3 个数字重组一个三位数 m，这个三位数用 cba 表示，例如输入 123，输出 321，试设计这个程序。

（算法提示：a=n/100，b=n/10%10，c=n%10，m=c*100+b*10+a）

第3章　Java 程序的控制结构

【引例描述】

> ### 问题提出

在职工工资管理系统程序中，不同的用户类型具有不同的使用权限，如普通员工的权限和部门管理员的权限是不同的。如何实现根据用户类型选择功能？在使用工资计算器时，如何实现重复使用工资计算器计算不同职工的工资呢？

> ### 解决方案

上述第 1 个问题通过分支结构语句来解决用户类型选择功能，第 2 个问题通过循环结构解决重复操作问题。本章主要讲解分支结构、循环结构的基本知识及编程技巧。

通过本章学习，读者可掌握程序的 3 种基本结构，即顺序结构、分支结构和循环结构，并掌握这 3 种结构控制语句的格式、功能和执行过程。综合运用程序控制结构实现"职工工资管理"程序中的用户类型选择和职工工资计算器两个任务。

【知识储备】

> 3-1
> 结构化程序设计的 3 种基本结构

结构化程序设计的流程控制语句有 3 种，分别是顺序结构、分支结构和循环结构，如图 3-1 所示。顺序结构就是从头到尾依次执行每一条语句。分支结构就是根据不同的条件执行不同的语句或者语句块。而循环结构就是为了重复执行一类操作而重复执行语句或者语句块。几乎所有的程序主要都是由顺序结构组成的，在顺序结构中再嵌入分支结构和循环结构。

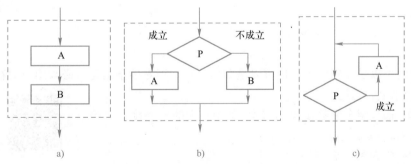

图 3-1　3 种流程控制语句

a) 顺序结构　b) 分支结构　c) 循环结构

Java 语言虽然是面向对象的程序设计语言，但在局部的语句块内部，仍须借助结构化程序设计的基本流程来实现相应的功能。在 Java 中，语句块是由一对大括号括起来的若干条语句的集合，有实现分支结构的 if 语句、switch 语句和实现循环结构的 while 语句、for 语句等。下面逐一介绍各语句的用法。

3.1 顺序语句

最简单的流程结构是顺序结构，按语句的顺序一条一条顺序依次执行。在 Java 中，最常见的顺序语句是赋值语句和方法调用语句，每条语句结束必须以分号 ";" 结束。例如：

```
a=3;
System.out.println("Hello World!");
```

3.2 分支语句

分支语句用于实现分支结构程序设计。Java 语言提供了两种分支结构：if 分支语句和 switch 分支语句。

3.2.1 if 语句

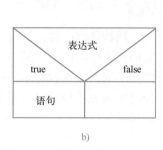

3-2
单选条件语句

1. if 语句的 3 种形式

（1）单选条件语句
单选条件语句的语句格式为：

```
if(<表达式>)
    <语句>
```

该语句的执行流程为：当 if 语句中的条件表达式为 true 时执行一组相关的语句，否则不执行语句，如图 3-2 所示。

说明：

① 条件表达式必须用一对圆括号 "()" 括起来。

② 语句块可以是一条语句，也可以是多条语句，若是多条语句，必须用一对花括号 "{}" 括起来构成一个复合语句。

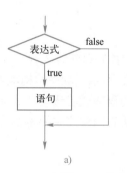

图 3-2 单选条件语句的执行过程

【例 3.1】 输入两个整数 a 和 b，输出其中较大的一个数。

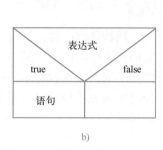

3-3
例 3.1 讲解

```java
import java.util.Scanner;
public class Example3_1 {
    public static void main(String[] args) {
        int a, b, max;
        Scanner sc = new Scanner(System.in);
        System.out.println("请输入第 1 个整数：");
        a = sc.nextInt();
        System.out.println("请输入第 2 个整数：");
        b = sc.nextInt();
        max = a;
        if (b > max) {
            max = b;
```

```
        }
        System.out.println("最大值是：" + max);
    }
}
```

流程图如图 3-3 所示，程序运行结果如图 3-4 所示。

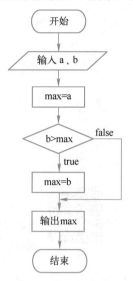

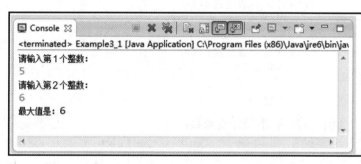

图 3-3　求两个数中的最大值流程图 1　　　　图 3-4　求两个数中较大值的运行结果

（2）双选条件语句

双选条件语句的语句格式为：

```
if(<表达式>)
        <语句 1>
else
        <语句 2>
```

该语句的执行过程为：当 if 语句中的条件表达式为 true 时执行语句 1，否则执行语句 2，如图 3-5 所示。

【例 3.2】 输入两个整数 *a* 和 *b*，输出其中较大的一个数。

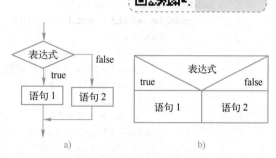

图 3-5　双选条件语句的执行过程

```java
import java.util.Scanner;
public class Example3_2 {
 public static void main(String[] args) {
    int a, b, max;
    Scanner sc = new Scanner(System.in);
    System.out.println("请输入第 1 个整数：");
    a = sc.nextInt();
    System.out.println("请输入第 2 个整数：");
    b = sc.nextInt();
    if (a > b) {
        max = a;
    } else {
        max = b;
```

3-4
双选条件语句

3-5
例 3.2 讲解

```
        }
        System.out.println("最大值是: " + max);
    }
}
```

流程图如图 3-6 所示，程序运行结果如图 3-4 所示。

（3）多选条件语句

多选条件语句的语句格式为：

```
if(<表达式 1>)
    <语句 1>
else if (<表达式 2>)
    <语句 2>
else if (<表达式 3>)
    <语句 3>
    ...
else if (<表达式 n-1>)
    <语句 n-1>
else
    <语句 n>
```

图 3-6 求两个数中的最大值流程图 2

3-6
例 3.3 讲解

【例 3.3】 有下列分段函数：

$$y = \begin{cases} x+1 & x<0 \\ x^2-5 & 0 \leqslant x < 10 \\ x^3 & x \geqslant 10 \end{cases}$$

编写程序，输入 x 的值，输出 y 值。

```java
import java.util.Scanner;
public class Example3_3 {
    public static void main(String[] args) {
        int x, y;
        Scanner sc = new Scanner(System.in);
        System.out.println("请输入 x 的值: ");
        x = sc.nextInt();
        if (x < 0) {
            y = x + 1;
        } else if (x < 10) {
            y = x * x - 5;
        } else {
            y = (int) Math.pow(x, 3);
        }
        System.out.println("y 的值为: " + y);
    }
}
```

流程图如图 3-7 所示，程序运行结果如图 3-8 所示。

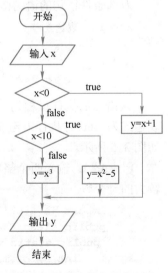

图 3-7 分段函数求值流程图 1

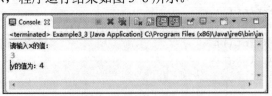

图 3-8 分段函数求值的运行结果

2. if 语句的嵌套

在 if 语句中又包含一个或多个 if 语句称为 if 语句的嵌套。其一般格式为:

```
if (<表达式 1>)
  if (<表达式 2>)
      <语句 1>
  else
      <语句 2>
else
  if (<表达式 3>)
      <语句 3>
  else
      <语句 4>
```

3-7
if 语句的嵌套

【例 3.4】 有下列分段函数:

$$y = \begin{cases} x+1 & x<0 \\ x^2-5 & 0 \leqslant x < 10 \\ x^3 & x \geqslant 10 \end{cases}$$

编写程序,输入 x 的值,输出 y 值。

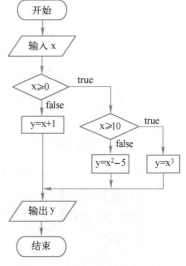

3-8
例 3.4 讲解

```java
import java.util.Scanner;
public class Example3_4 {
    public static void main(String[] args) {
        int x, y;
        Scanner sc = new Scanner(System.in);
        System.out.println("请输入 x 的值: ");
        x = sc.nextInt();
        if (x >= 0) {
            if (x >= 10) {
                y = (int) Math.pow(x, 3);
            } else {
                y = x * x - 5;
            }
        } else {
            y = x + 1;
        }
        System.out.println("y 的值为: " + y);
    }
}
```

图 3-9 分段函数求值流程图 2

流程图如图 3-9 所示,程序运行结果如图 3-8 所示。

在该程序中,内层的 if 语句嵌套在外层 if 语句的 if 部分。if 语句嵌套使用时,应当注意 else 与 if 的配对关系:else 总是与其前面最近的还没有配对的 if 进行配对。

【例 3.5】 求 3 个整数 a、b、c 中的最大者,a、b、c 由键盘输入。

```java
import java.util.Scanner;
public class Example3_5 {
    public static void main(String[] args) {
        Scanner sc = new Scanner(System.in);
        int a, b, c, max;
```

3-9
例 3.5 讲解

```java
System.out.println("输入第 1 个数：");
a = sc.nextInt();
System.out.println("输入第 2 个数：");
b = sc.nextInt();
System.out.println("输入第 3 个数：");
c = sc.nextInt();
if (a > b) {
    if (a > c)
        max = a;
    else
        max = c;
} else {
    if (b > c)
        max = b;
    else
        max = c;
}
System.out.println("最大的数是：" + max);
    }
}
```

流程图如图 3-10 所示，程序运行结果如图 3-11 所示。

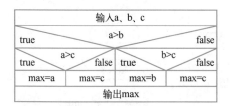

图 3-10　求 3 个数中最大数的流程图

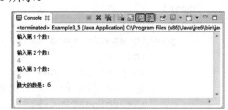

图 3-11　求 3 个数中最大数的运行结果

3.2.2　switch 语句

在 if 语句中，布尔表达式的值只有 true 和 false 两种。Java 提供一种可以提供更多选择的语句：switch 语句，也称开关语句。

作用：实现多路分支程序。

3-10
switch 语句

语句格式

```
switch (表达式){
  case 常量 1:
      语句块 1;
      break;
  case 常量 2:
      语句块 2;
      break;
  ...
  case 常量 n-1:
      语句块 n-1;
      break;
  default:
      语句块 n;
```

　　　　}

使用 switch 语句时需要注意以下几点。

1）表达式类型可为 byte、char、short、int 或 enum 类型，并且只能与常量进行比较，如果匹配成功，则执行 case 子句后面的语句序列。

2）每个 case 后面的常量表达式值必须互不相同。

3）一个 case 后可有多个语句（不必用花括号），程序自动顺序执行 case 后的所有语句；一个 case 后面也可以没有任何语句。

4）每个 case 后面的常量表达式只起语句标号的作用，每执行完一个 case 后面的语句后，程序会不加判断地自动执行下一个 case 后面的语句。所以，执行完一个 case 分支后，须使用 break 语句跳出 switch 语句，终止 switch 语句的执行。

5）default 子句可选。当表达式的值与任何 case 子句中的常量都不匹配时，程序执行 default 子句后面的语句序列，若无 default 子句，则程序退出 switch 语句。

【例 3.6】　根据给定的年、月，输出该月的天数。

```java
public class Example3_6 {
    public static void main(String[] args) {
        int month = 2;
        int year = 2004;
        int numDays = 0;
        switch (month) {
        case 1:
        case 3:
        case 5:
        case 7:
        case 8:
        case 10:
        case 12:
            numDays = 31;
            break;
        case 4:
        case 6:
        case 9:
        case 11:
            numDays = 30;
            break;
        case 2:
            if ((year % 4 == 0 && year % 100 != 0) || (year % 400 == 0))
                numDays = 29;
            else
                numDays = 28;
        }
        System.out.println("Year:" + year + ",month:" + month);
        System.out.println("Number of Days = " + numDays);
    }
}
```

3-11
例 3.6 讲解

程序运行结果如图 3-12 所示。

图 3-12 例 3.6 运行结果

【例 3.7】 商店打折售货。购货金额越大，折扣越大。具体标准为（m：购货金额，d：折扣率）：

$m<250$(元) $d=0\%$

$250\leqslant m<500$ $d=5\%$

$500\leqslant m<1000$ $d=7.5\%$

$1000\leqslant m<2000$ $d=10\%$

$m\geqslant 2000$ $d=15\%$

从键盘输入购货金额，计算实付的金额。

分析：首先应找出购货金额与折扣率之间对应关系的变化规律。从题意已知，当购货金额 m 每变化 250 元或 250 元的倍数时，折扣率就会变化。用 $m/250$ 来表示折扣率的分档情况，见表 3-1。

表 3-1 商店打折售货分档情况表

m	$c=m/250$	d
$m<250$	0	0%
$250\leqslant m<500$	1	5%
$500\leqslant m<1000$	2,3	7.5%
$1000\leqslant m<2000$	4,5,6,7	10%
$m\geqslant 2000$	8	15%

根据购货金额确定好折扣率后，再计算出实付金额。

```java
import java.util.Scanner;
public class Example3_7 {
    public static void main(String[] args) {
        int m, c;
        float d = 0, f;
        Scanner sc = new Scanner(System.in);
        System.out.println("请输入购货金额：");
        m = sc.nextInt();
        if (m >= 2000)
            c = 8;
        else
            c = m / 250;
        switch (c){
        case 0:d = 0;break;
        case 1:d = 5;break;
        case 2:
        case 3:d = 7.5F;break;
        case 4:
        case 5:
```

```
        case 6:
        case 7:d = 10;break;
        case 8:d = 15;break;
        }
        f = m * (1 - d / 100);
        System.out.println("实付金额是: " + f);
    }
}
```

程序运行结果如图 3-13 所示。

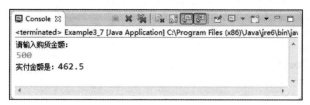

图 3-13　打折程序运行结果

3.3 循环语句

循环结构用于反复执行一个语句块,直到满足终止循环的条件时为止。一个循环一般包含 3 部分内容。

1)初始化部分:设置初始条件,一般只执行一次。

2)终止部分:设置终止条件,它应该是一个布尔表达式,每次循环都要求值一次,用以判断是否满足终止条件。

3)循环体部分:被反复执行的语句块。

Java 语言提供 4 种循环结构:"当型"循环结构、"直到型"循环结构、for 循环结构和 for each 循环结构。

3.3.1 while 语句

1)作用:实现"当型"循环结构。

2)格式:

```
while (<表达式>)
    语句
```

说明:

① 表达式叫作循环条件表达式,一般为关系表达式或逻辑表达式,必须用"( )"括起来。

② 语句叫作循环体,可以是单条语句或复合语句。

3)执行过程:先计算表达式的值,当表达式的值为 true 时,重复执行指定的语句;当表达式的值为 false 时,结束循环,如图 3-14 所示。

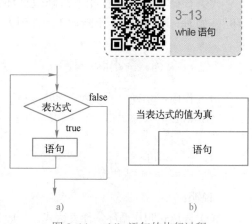

图 3-14　while 语句的执行过程

【例 3.8】 用 while 语句计算 $S=\sum_{i=1}^{n} i$，即

求累加和：$S=1+2+3+4+\cdots+n$。

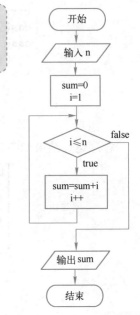

```java
import java.util.Scanner;
public class Example3_8 {
    public static void main(String[] args) {
        Scanner sc = new Scanner(System.in);
        int i,n,sum;
        System.out.println("输入一个整数：");
        n=sc.nextInt();
        sum=0;
        i=1;
        while(i<=n){
            sum=sum+i;
            i++;
        }
        System.out.println("和是："+sum);
    }
}
```

图 3-15　求累加和流程图 1

流程图如图 3-15 所示，程序运行结果如图 3-16 所示。

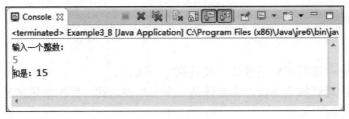

图 3-16　求累加和运行结果

说明：

① while 语句是先判断表达式 i≤n 是否成立，若条件成立，则将 sum 加 i 后赋给 sum 及 i 增加 1；若条件不成立，则不执行相应语句，退出循环。

② 当表达式的值一开始不成立，语句一次也不执行。当输入 n 为 0 时，i≤n 不成立，语句 sum=sum+i;和 i++;一次也不执行。

③ 在循环体中应有能不断修改循环条件的语句，最终能使循环结束，否则会形成"死循环"。如 i++;语句，使 i 不断加 1，直到大于 n 为止。

3.3.2　do…while 语句

1）作用：实现"直到型"循环结构。

2）格式：

```
do
  <语句>
while (<表达式>);
```

说明：

① 表达式叫作循环条件表达式，一般为关系表达式或逻辑表达式，必须用"（）"括起来。

② 语句叫作循环体，可以是单条语句或复合语句。

③ do…while 语句以分号结束。

3）执行过程：先执行语句 S，然后计算表达式 B 的值，当表达式 B 的值为 true 时，就重复执行语句 S；直到表达式 B 的值为 false 才结束循环，如图 3-17 所示。

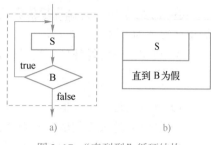

图 3-17 "直到型"循环结构

【例3.9】 用 do…while 语句计算 $S=\sum_{i=1}^{n}i$，即求

$S=1+2+3+4+\cdots+n$。

```java
import java.util.Scanner;
public class Example3_9 {
    public static void main(String[] args) {
        Scanner sc = new Scanner(System.in);
        int i,n,sum;
        System.out.println("输入一个整数：");
        n=sc.nextInt();
        sum=0;
        i=1;
        do{
            sum=sum+i;
            i++;
        }while(i<=n);
        System.out.println("和是："+sum);
    }
}
```

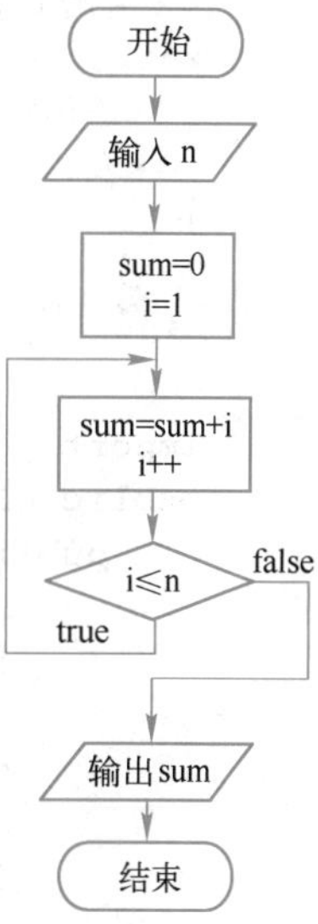

流程图如图 3-18 所示，程序运行结果如图 3-16 所示。

说明：

① do…while 语句是先执行 sum=sum+i;和 i++;语句，后判断表达式 i≤n 是否成立。若条件成立，则继续执行循环体；若条件不成立，则退出循环。

② 即使表达式的值一开始就不成立，语句仍要执行一次。如当输入的 n 为 0 时，i≤n 不成立，但语句 sum=sum+i;和 i++;也要执行一次。

图 3-18 求累加和流程图 2

③ 在循环体中应有能不断修改循环条件的语句，最终能使循环结束，否则会形成"死循环"。

3.3.3 for 语句

1. for 语句格式

```
for  (<表达式 1>;<表达式 2>;<表达式 3>)
    <语句>
```

说明：

① 表达式 1 叫作循环初始化表达式，通常为赋值表达式，简单情况下为循环变量赋初值。

② 表达式 2 叫作循环条件表达式，通常为关系表达式或逻辑表达式，简单情况下为循环结束条件。

③ 表达式 3 称为循环增量表达式，通常为赋值表达式，简单情况下为循环变量增量。

④ 语句部分为循环体，它可以是单条语句或复合语句。

2. for 语句的执行过程

1）计算表达式 1 的值。

2）计算表达式 2 的值，若表达式 2 的值为"真"，则转到 3）；若表达式 2 的值为"假"，则结束循环。

3）执行循环体语句。

4）计算表达式 3 的值，返回 2）继续执行。

for 语句的执行过程如图 3-19 与图 3-20 所示。

for 语句可以和下列 while 语句等效：

```
<表达式 1>;
while  (<表达式 2>){
    <语句>
    <表达式 3>;
}
```

【例 3.10】 用 for 语句计算 $S=\sum_{i=1}^{n}i=1+2+3+4+\cdots+n$。

```java
import java.util.Scanner;
public class Example3_10 {
    public static void main(String[] args) {
        Scanner sc = new Scanner(System.in);
        int i, n, sum;
        System.out.println("输入一个整数：");
        n = sc.nextInt();
        sum = 0;
        for (i = 1; i <= n; i++)
            sum += i;
        System.out.println("和是: " + sum);
    }
}
```

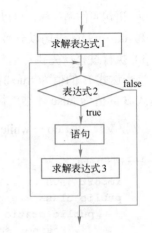

图 3-19 for 语句执行过程 1

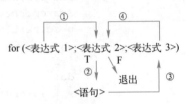

图 3-20 for 语句执行过程 2

3-18
例 3.10 讲解

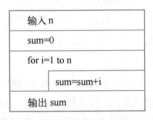

图 3-21 求累加和流程图 3

流程图如图 3-21 所示，程序运行结果如图 3-16 所示。

在本例中，表达式 1（i=1）完成对循环变量 i 的初始化赋值工作，使 i 的初值为 1；表达式 2（i<=n）判断循环变量 i 的值是否小于或等于 n，若不成立则结束循环，若成立则执行 sum=sum+i;语句；再执行表达式 3（i++），循环变量 i 加 1 后，转向表达式 2 继续判断 i<=n 是否成立。

说明：

① for 语句中的 3 个表达式都可省略，但其中的两个分号不能省略。

② 若表达式 1 省略，则应在 for 语句之前给循环变量赋初值。例如：

```java
i = 1;
for (; i <= n; i++)
    sum += i;
```

③ 若表达式 2 省略，则不判断循环条件，循环无终止地进行下去，形成"死循环"，即认为表达式 2 始终为真，因此表达式 2 通常不能省略。

④ 若表达式 3 省略，则在循环体中应有能不断修改循环条件的语句。例如：

```
for (i = 1; i <= n;) {
    sum += i;
    i++;
}
```

⑤ 若省略表达式 1 和表达式 3，只有表达式 2，即只给出循环条件。例如：

```
i = 1;
for (; i <= n;) {
    sum += i;
    i++;
}
```

此时，for 语句和 while 语句完全相同。上述语句相当于：

```
i=1;
while(i<=n){
    sum=sum+i;
    i++;
}
```

⑥ 表达式 1 和表达式 3 可以是一个简单的表达式，也可以是其他表达式，当然可以是逗号表达式，即用逗号 "," 隔开的多个简单表达式，它们的运算顺序是从左到右顺序进行。

```
for (sum = 0, i = 1; i <= n; i++)
            sum += i;
```

由此可见，用 for 语句比用 while 语句书写更简洁。

【例 3.11】 计算 $S=\sum_{k=1}^{20}\dfrac{1}{k(k+1)}$ ，即求：$\dfrac{1}{1\times 2}+\dfrac{1}{2\times 3}+\cdots+\dfrac{1}{19\times 20}+\dfrac{1}{20\times 21}$ 。

分析：求解该题仍采用求累加和的思想，即用循环语句将级数中各项值 $t=1.0/(i*(i+1))$ 依次加入累加和 sum 中。程序如下：

3-19
例 3.11 讲解

```
public class Example3_11 {
    public static void main(String[] args) {
        int i;
        double t = 1, sum = 0;
        for (i = 1; i <= 20; i++) {
            t = 1.0 / (i * (i + 1));
            sum += t;
        }
        System.out.println("和是: " + sum);
    }
}
```

程序运行后输出以下结果：

```
和是: 0.9523809523809522
```

3.4 跳转语句

前面介绍的语句都是根据其在程序中的先后次序，从主函数开始，依次执行各条语句。这里要介绍另一类语句,当执行该类语句时,它要改变程序的执行顺序,即不依次执行紧跟其后的语句,而跳到另一条语句处接着执行。从表面看,循环语句或条件语句也改变了程序的执行顺序,但由于整个循环只是一个语句(条件语句也一样),因此它们也仍然是顺序执行的。

3.4.1 break 语句

(1)作用

① 终止 switch 语句与单循环语句的执行。

② 对多重循环循环语句,可从内循环体跳到外循环体。

(2)格式

```
break;
```

3-20
break 语句

【例 3.12】 输入一个正整数,判断该数是否是素数。

分析:根据素数的定义,若 a 是素数,则它不能被 $2\sim a-1$ 的整数整除,否则不是素数。

3-21
例 3.12 讲解

```java
import java.util.Scanner;
public class Example3_12 {
    public static void main(String[] args) {
        int i, a;
        Scanner sc = new Scanner(System.in);
        System.out.println("请输入一个整数:");
        a = sc.nextInt();
        for (i = 2; i <= a - 1; i++)
            if (a % i == 0) // 若a能被i整除,则a不是素数,用break退出
                break;
        if (i == a)
            System.out.println(a + "是素数。");
        else
            System.out.println(a + "不是素数。");
    }
}
```

程序运行结果如图 3-22 所示。

图 3-22 素数程序运行结果

3.4.2 continue 语句

(1)作用

① 在 while 或 do…while 语句中执行到 continue 语句时,程序不执行 continue 后的语句,而转向条件表达式处,开始下一次循环,即所谓短路语句。

② 在 for 语句中执行到 continue 语句时,程序不执行 continue 后的语句,而转向 for 语句中的第 3 表达式处,开始下一次循环。

(2)格式

```
continue;
```

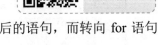

3-22
continue 语句

3-23
例 3.13 讲解

【例 3.13】 输入 10 个整数,统计其中正数的和及正数的个数。

```java
import java.util.Scanner;
public class Example3_13 {
    public static void main(String[] args) {
        int a, i, k = 0, s = 0; // k 存放正数的个数, s 存放正数和
        System.out.println("Input 10 integer:");
        Scanner sc = new Scanner(System.in);
        for (i = 1; i <= 10; i++) {
            a = sc.nextInt();     // 输入整数到变量 a
            if (a <= 0)
                continue;          // 若 a 为负数, 则转向 for 语句中的表达式 3 处执行
            k++;                   // 若 a 为正数, 则 k 加 1, 将 a 累加到 s 中
            s += a;
        }
        System.out.println("k=" + k + "\t" + "s=" + s + "\n");
    }
}
```

程序运行结果如图 3-23 所示。

（3）注意

在嵌套循环语句中，continue 语句只对当前循环起作用。

continue 语句不能用于循环语句之外的任何其他语句中。

图 3-23　统计正数程序运行结果

continue 语句和 break 语句的区别是：continue 语句只结束本次循环，而不是结束整个循环的执行；而 break 语句则是结束循环，不管循环条件是否成立。

 【任务实现】

工作任务 3　职工工资管理系统用户类型选择

1.　任务描述

本任务实现职工工资管理系统中用户类型选择的功能。该项目在主方法中提供友好界面设计，并使用 if…else 语句和 switch 语句进行不同用户类型的选择。

3-24
工作任务 3

2.　相关知识

本任务的实现，需要了解 Java 程序的组成，熟悉分支结构的概念，掌握分支结构编程技巧以及控制台输入输出方法。

3.　任务设计

➢ 编写 if…else 语句实现用户选择方法。

➢ 编写 switch 语句实现用户选择方法。

主程序实现步骤：

1）用户类型选择的界面显示。

2）控制台接收用户选择的类型编号。

3）分别调用两个用户选择方法，实现用户类型判定。

4. 任务实施

程序代码如下：

```java
import java.util.Scanner;
public class UserTypeJudge {
    //if…else 判断用户类型
    public void ifJudgeUserType(char t){
        if (t=='a'){
            System.out.println("您选择的是普通员工！");
        }else if (t=='b'){
            System.out.println("您选择的是部门经理！");
        }else if (t=='c'){
            System.out.println("您选择的是系统管理员！");
        }else{
            System.out.println("您的输入有误，请重新输入！");
        }
    }

    //switch 判断用户类型
    public void switchJudgeUserType(int t){
        switch(t){
        case 1:
            System.out.println("您选择的是普通员工！");
            break;
        case 2:
            System.out.println("您选择的是部门经理！");
            break;
        case 3:
            System.out.println("您选择的是系统管理员！");
            break;
        default:
            System.out.println("您的输入有误，请重新输入！");
        }
    }

    public static void main(String[] args) {
        //创建 UserTypeJudge 对象
        UserTypeJudge userType = new UserTypeJudge();

        //获得输入流对象
        Scanner sc = new Scanner(System.in);

        //if…else 判断用户类型
        System.out.println("使用 if-else 判断用户类型");
        System.out.println("请输入用户类型编号：a.普通员工  b.部门经理  c.系统管理员");

        String str = sc.next();
        char c = str.charAt(0);
```

```
            userType.ifJudgeUserType(c);

            //switch 判断用户类型
            System.out.println("使用 switch 判断用户类型");
            System.out.println("请输入用户类型编号：1.普通员工　2.部门经理　3.系统管
理员");
            int t = sc.nextInt();
            userType.switchJudgeUserType(t);
        }
    }
```

5．运行结果

程序运行结果如图 3-24 所示。

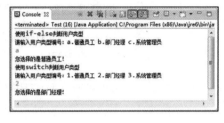

图 3-24　工作任务 3 结果示意图

6．任务小结

本任务分别使用了 if 分支语句和 switch 语句实现了用户类型的选择。

工作任务 4　职工工资计算器

1．任务描述

职工工资计算器可以根据用户输入的月基本工资、月津贴、奖金以及月份数，计算职工工资，并且可以反复使用工资计算功能，直至接收到退出信息。

3-25
工作任务 4

2．任务知识

本任务的实现，需要了解 Java 程序的组成，熟悉循环结构的概念，掌握循环结构编程技巧以及控制台输入输出方法。

3．任务设计

➢ 编写计算职工工资的方法。

主程序实现步骤：

1）显示工资录入提示信息。

2）接收用户录入的各项工资信息。

3）调用计算职工工资的方法，实现总工资的计算。

4）显示计算后的总工资。

5）使用循环控制结构，让用户自行选择是否要继续计算。

4．任务实施

程序代码如下：

```java
import java.util.Scanner;
public class SalaryCalculation {
    //计算总工资
    public double calculateTotalSalary(){
        double totalSalary = 0;
```

```
Scanner sc = new Scanner(System.in);

System.out.print("请输入月基本工资: ");
double monthBaseSalary = sc.nextDouble();

System.out.print("请输入月津贴: ");
double monthAllowance = sc.nextDouble();

System.out.print("请输入奖金数额: ");
double bonus = sc.nextDouble();

System.out.print("请输入统计时间（以月为单位）: ");
int month = sc.nextInt();

totalSalary = monthBaseSalary*month+monthAllowance*month+bonus;
return totalSalary;
}
public static void main(String[] args) {
    SalaryCalculation salaryCal = new SalaryCalculation();
    Scanner sc = new Scanner(System.in);
    System.out.println("欢迎使用职工工资系统的职工工资计算工具! ");
    int i=1;
    while(true){
        System.out.println("计算总工资: ");
        double totalSalary = salaryCal.calculateTotalSalary();
        System.out.println("总工资是: "+totalSalary);

        System.out.println("是否继续: 1.继续  2.退出");
        i=sc.nextInt();
        if (i==2)
            break;
    }
    System.out.println("恭喜您，您已成功退出! ");
}
}
```

5. 运行结果

程序运行结果如图 3-25 所示。

6. 任务小结

本任务实现了总工资计算功能，并使用 while 语句让用户自行选择是否要继续计算。

图 3-25 工作任务 4 结果示意图

【本章小结】

本章主要介绍了顺序结构、选择结构和循环结构的程序设计方法，重点介绍了实现选择结构的 if 和 switch 语句，实现循环结构的 while、do…while 和 for 语句以及在选择结构和循环结构中的 break 和 continue 跳转语句。

【习题 3】

一、选择题

1. 现有程序：

```java
public class Test {
    public static void main(String[] args) {
        int x = 6;
        if (x > 1)
            System.out.println("x>1");
        else if (x > 5)
            System.out.println("x>5");
        else if (x < 10)
            System.out.println("x<10");
        else if (x < 29)
            System.out.println("x<29");
        else
            System.out.println("");
    }
}
```

上述程序的运行结果是（　　　）。

　（A）x>5　　　（B）x>1　　　（C）x<10　　　（D）x<29

2. 现有程序：

```java
class Test{
    public static void main(String[] args) {
        int x = 0;
        int y = 4;
        for (int z = 0; z < 3; z++, x++) {
            if (x > 1 & ++y < 10)
                y++;
        }
        System.out.println(y);
    }
}
```

上述程序的运行结果是（　　　）。

　（A）7　　　　（B）8　　　　（C）10　　　　（D）12

3. 现有：

```java
class Test{
    public static void main(String[] args) {
        int x = 5;
        while (++x < 4) {
            --x;
        }
```

```
        System.out.println("x=" + x);
    }
}
```

上述程序的运行结果是（　　　）。

　（A）x=6　　　　（B）x=5　　　　（C）x=2　　　　（D）编译失败

二、填空题

1. 结构化程序设计的流程控制语句有 3 种，分别是＿＿＿＿、＿＿＿＿和＿＿＿＿。

2. Java 语言提供了两种分支结构：＿＿＿＿＿＿＿和＿＿＿＿＿＿＿。

3. 一个循环一般包含 3 部分内容：＿＿＿＿、＿＿＿＿＿和＿＿＿＿。

4. Java 语言提供 4 种循环结构：＿＿＿＿、＿＿＿＿、＿＿＿＿和＿＿＿＿。

三、简答题

1. 简述 break 语句的作用。

2. 简述 continue 语句的作用。

3. 简述 continue 语句和 break 语句的区别。

四、编程题

1. 设计一个程序，判断从键盘输入的整数的正负性和奇偶性。

2. 有一个函数：

$$y = \begin{cases} x & (x < 1) \\ 3x - 2 & (1 \leqslant x < 10) \\ 4x & (x \geqslant 10) \end{cases}$$

编写程序，从键盘输入 x 的值，计算并输出 y 值。

3. 设计简单计算器，计算表达式：data1 op data2 的值，其中 data1、data2 为两个实数，op 为运算符（+、−、*、/），并且都由键盘输入。

4. 奖金税率如下（a 代表奖金，r 代表税率）：

$$a < 500 \qquad r = 0$$
$$500 \leqslant a < 1000 \qquad r = 3\%$$
$$1000 \leqslant a < 2000 \qquad r = 5\%$$
$$2000 \leqslant a < 5000 \qquad r = 8\%$$
$$a \geqslant 5000 \qquad r = 12\%$$

输入一个奖金数，求税率、应交税款及实得奖金数。

5. 编程程序，将百分制转换成等级制。

转换方法：

90～100　　A
80～89　　B
70～79　　C
60～69　　D
0～59　　E

6．求 $\sum\limits_{n=1}^{100} \dfrac{1}{n}$ 的值，即求 $1+\dfrac{1}{2}+\dfrac{1}{3}+\cdots+\dfrac{1}{100}$ 的值。

7．编程计算 $y=1+\dfrac{1}{x}+\dfrac{1}{x^2}+\dfrac{1}{x^3}+\cdots$ 的值（$x>1$），直到最后一项小于 10^{-4} 为止。

8．求 π 近似值的公式为：

$$\frac{\pi}{2}=\frac{2}{1}\times\frac{2}{3}\times\frac{4}{3}\times\frac{4}{5}\times\cdots\times\frac{2n}{2n-1}\times\frac{2n}{2n+1}\times\cdots$$

其中，$n=1,2,3,\cdots$。设计一程序，求出当 $n=1000$ 时 π 的近似值。

9．斐波那契数列的前几个数为 1、1、2、3、5、8、$\cdots$，其规律为：

$$\begin{aligned} f_1 &= 1 && (n=1)\\ f_2 &= 1 && (n=2)\\ f_n &= f_{n-1}+f_{n-2} && (n\geqslant 3) \end{aligned}$$

编程求此数列前 40 个数。

10．求出 1～599 中至少有一位数字为 5 的所有整数。提示：将 1～599 中的整数 i 分解成个位、十位、百位，分别存放在变量 a、b、c 中，然后判断 a、b、c 中是否有 5。

第4章　数　组

【引例描述】

➢ 问题提出

在前面的任务中，读者完成了计算单个职工工资的任务，那么要计算多名职工的工资，该如何实现呢？

➢ 解决方案

数组是具有相同数据类型的一系列数据元素的集合，可解决多职工工资计算问题。本章介绍 Java 语言中数组的应用。数组元素可以通过数组名和元素在数组中的位置（即下标）来引用。数组按照维数可分为一维数组和多维数组。

通过本章学习，读者可掌握一维数组的定义和使用、二维数组的定义和使用以及数组常用方法的使用，并综合运用程序控制结构及数组实现多职工工资计算器任务。

【知识储备】

4.1　一维数组的定义与使用

4-1
一维数组的
定义

4.1.1　一维数组的定义

引例：在线性代数中，具有 10 个整数元素的行矩阵 A 的表示方法为 $A=[a_0\ a_1\ a_2\ a_3\ \cdots\ a_9]$。为了存放行矩阵 A 的元素值，引入一维整型数组 a[10]，该数组的数组名为 a，共有 10 元素，分别为 a[0]、a[1]、a[2]、a[3]、a[4]、a[5]、a[6]、a[7]、a[8]、a[9]。

同其他数据类型一样，数组必须先定义后使用，下面逐一介绍一维数组的定义、初始化及引用方法。

1.　一维数组的声明

　　　　数据类型[] 数组名;

或　　　数据类型 数组名[];

说明：

① "数据类型"定义了数组元素的数据类型，可以是基本数据类型或引用数据类型。

② "数组名"定义数组变量的名字，应符合标识符的命名规则。

③ 声明数组时，不能在方括号中指定数组的元素个数。

例如 int[] a; 或 int a[]; 是正确的数组声明方式；int[10] a 是错误的数组声明方式。

以上两种正确的数组声明方式均可声明一个数组 a，并且规定数组 a 中的元素类型均为整型。但在数组定义时并没有给出数组长度，系统没有为数组元素分配存储空间，此时若为数组元素赋值，例如：

```
a[0]=1;
```

编译器会给出局部变量未初始化的错误提示信息：

```
The local variable a may not have been initialized
```

所以，在数组声明后，需要创建数组，为数组分配存储空间。

2．一维数组的创建

可使用 new 关键字创建数组并分配存储空间，格式如下：

```
数组名=new 数据类型[数组长度];
```

这时，系统会创建数组并为数组分配存储空间，且数组中的每个元素会被自动赋一个默认值，如整型为 0，实型为 0.0，布尔型为 false，字符型为'\u0000'。如：

```
a=new int[5];
```

该语句为数组分配能容纳 5 个整型数据的内存容量，且数组中每个元素的初始值都为 0。

上述例子是先声明数组变量，再用 new 关键字创建数组并分配内存，在实际操作中，数组的声明与创建也可以合二为一，用一条语句表示，格式为：

```
数据类型[] 数组名 = new 数据类型[数组长度];
```
或
```
数据类型 数组名[] = new 数据类型[数组长度];
```

例如：

```
int[] a = new int[5];
```

除了使用 new 关键字创建数组外，还可以利用初始化方式声明数组变量并创建数组对象，其格式如下：

```
数据类型[] 数组名 = {值1,值2,…};
```

例如：

```
int[] a = {1,2,3,4,5};
```

上述语句未使用 new 关键字，也未指定数组长度，由初始化元素的个数创建数组并确定数组长度。

4.1.2　一维数组的初始化及内存分配

1．一维数组的初始化

数组可以和基本数据类型一样，在定义的同时进行初始化操作。数组的初始化操作分为静态初始化和动态初始化两种形式。

（1）静态初始化

静态初始化是指在创建数组的同时给数组赋值。例如：

```
char[] c = {'a','b','c'};
String[] s = {"hello","world"};
```

4-2
一维数组的初始化及内存分配

（2）动态初始化

动态初始化是指在创建数组后给数组元素赋值。例如：

```java
int[] a=new int[5];
for (int i=0;i<a.length;i++)
    a[i]=i+1;
String[] s = new String[2];
s[0] = "hello";
s[1] = "world";
```

2．一维数组内存分配

在 Java 语言中，基本数据类型变量的数据是直接保存在栈（stack）中的，引用数据类型变量在栈中保存了一个指针，而将实际数据保存在堆（heap）中，栈中的指针指向堆中的数据。当声明一个一维数组时，在栈中生成一个与该数组名相同的引用变量（指针）。例如：

```java
int[] a;
```

在栈中生成一个名为 a 的引用变量，这时还未生成任何实际的数组，所以堆中没有任何相应的信息（见图 4-1a）。然后用 new 关键字创建数组：

```java
a=new int[3];
```

这时，new 关键字生成了一个数组，这个数组是在堆中的，共有 3 个元素（见图 4-1b）。引用变量的指针指向这个数组。直到这时，数组才是可以被访问的：

```java
for (int i=0;i<a.length;i++)
    a[i]=i+1;
```

代码运行的结果是为数组赋值（见图 4-1c）。

一旦这个数组不再需要，Java 就自动释放它所占用的内存。

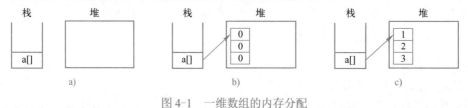

图 4-1　一维数组的内存分配

4.1.3　一维数组的引用

为数组分配了空间以后，就可以访问数组中的每一个元素了，数组引用的格式为：

　　数组名［数组下标］

4-3
一维数组的
引用

其中，数组下标可以为整型常量或表达式，如 a[2]、a[i]、a[i+1] 等，它的值从 0 开始，例如前面定义的数组 a：

```java
int[] a=new int[3];
```

数组下标从 0 到 2，如果调用了 a[3]，程序会出现数组下标越界错误提示信息：

```java
java.lang.ArrayIndexOutOfBoundsException
```

【例4.1】　某小组有 10 个学生，进行了数学考试，求他们数学成绩的平均分、最高分和最低分。

4-4
例4.1讲解

```java
import java.util.Scanner;
public class Example4_1 {
    public static void main(String[] args) {
        float[] a = new float[10];
        float sum,ave,max,min;
        int i;
        Scanner sc = new Scanner(System.in);
        System.out.println("请依次输入10位同学的数学成绩：");
        //通过数组的length属性获得数组长度
        for (i=0;i<a.length;i++){
            a[i]=sc.nextFloat();
        }
        sum=0;
        max=a[0];min=a[0];        //假设最大值和最小值均为a[0]
        for (i=0;i<a.length;i++){
            sum+=a[i];            //求累加和
            if (a[i]>max)         //求最大值
                max=a[i];
            if (a[i]<min)         //求最小值
                min=a[i];
        }
        ave = sum/a.length;
        System.out.println("平均分："+ave+",最高分："+max+",最低分："+min);
    }
}
```

程序运行结果如图4-2所示。

【例4.2】　将一个数组的内容按颠倒的次序重新存放。例如数组中原数组元素的值依次为：8、3、5、1、9、7、2，要求改为：2、7、9、1、5、3、8。

4-5
例4.2讲解

```java
import java.util.Scanner;
public class Example4_2 {
    public static void main(String[] args) {
        int[] a = new int[7];
        int i,temp;
        Scanner sc = new Scanner(System.in);
        System.out.println("请输入7个整数：");
        for (i=0;i<a.length;i++)
            a[i]=sc.nextInt();
        System.out.println("交换前：");
        for (i=0;i<a.length;i++)
            System.out.print(a[i]+"\t");
        System.out.println();
        for (i=0;i<a.length/2;i++){
            temp = a[i];
            a[i]=a[a.length-i-1];
            a[a.length-i-1]=temp;
        }
        System.out.println("交换后：");
```

```
    //增强型 for 循环遍历数组，优点是不需关心数组下标
    for (int x:a)
        System.out.print(x+"\t");
    System.out.println();
    }
}
```

程序运行结果如图 4-3 所示。

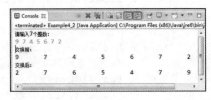

图 4-2　求平均分、最高分和最低分程序运行结果　　　　图 4-3　一维数组按倒序存放程序运行结果

4.2 多维数组的定义与使用

在 Java 语言中，多维数组被看作数组的数组。例如二维数组被看作是特殊的一维数组，即一维数组中的每个元素还是一维数组。下面主要以二维数组为例，介绍多维数组的定义与使用。

4.2.1 二维数组的定义

1. 二维数组的声明

4-6
二维数组的声
明与创建

　　　　数据类型[][] 数组名；
或　　　数据类型 数组名[][]；

说明：

① 二维数组第 2 维的所有元素具有相同的数据类型。

② 二维数组的第 1 维的所有元素是数组类型。

③ 声明二维数组时，不能在方括号中指定数组的元素个数。

例如 int[][] a; 或 int a[][];是正确的二维数组声明方式；int[3][10]a 是错误的数组声明方式。

以上两种正确的数组声明方式均可声明一个二维数组 a，并且规定数组 a 中的元素类型均为整型。但在数组定义时并没有给出数组的长度，系统没有为数组元素分配存储空间，所以，在数组声明后，需要创建数组并为数组分配存储空间。

2. 二维数组的创建

1）直接创建数组，为每一维分配存储空间。

可使用 new 关键字创建二维数组，并分配存储空间，格式如下：

　　　　数组名=new 数据类型[第 1 维长度] [第 2 维长度]；

这时，系统会创建数组并为数组分配存储空间，如：

　　　　a=new int[3][2];

该语句为数组创建了一个 3 行 2 列的数组（见图 4-4a）。

也可将数组的声明与创建合二为一，用一条语句表示，格式为：

数据类型[][] 数组名 = new 数据类型[第 1 维长度][第 2 维长度];

或   数据类型 数组名[][] = new 数据类型[第 1 维长度][第 2 维长度];

例如：

```
int[][] a = new int[3][2];
```

2）分别为每一维分配存储空间。

使用方法 1）初始化的二维数组是第 2 维的每个数组都有相同长度的规则数组，还可以采用另外的方法实现不规则数组的初始化，格式如下：

数组名 = new 数据类型[第 1 维的长度][];
数组名[0] = new 数据类型[第 2 维中第 1 行的长度];
数组名[1] = new 数据类型[第 2 维中第 2 行的长度];
…

说明：

① 只能从第 1 维开始，而不能从第 2 维开始，即不能写成：

数组名 = new 数据类型[][第 2 维的长度];

② 必须为第 2 维的每个数组分配空间，否则这个元素是不可访问的。

这是数组初始化的例子：

```
a = new int[3][];        // 先为第 1 维分配空间，注意这时没有为第 2 维分配空间
a[0] = new int[2];       // 然后为第 2 维的每一个元素（数组）分配空间
a[1] = new int[1];
a[2] = new int[3];
```

可以将这个例子理解为 3 行，但具有不规则的元素个数（见图 4-4b）。从这个例子可以看出，a[0]本身是一个数组，只有 a[0][0]才是存储整数数据的元素。

a[0][0]	a[0][1]
a[1][0]	a[1][1]
a[2][0]	a[2][1]

a)

a[0][0]	a[0][1]	
a[1][0]		
a[2][0]	a[2][1]	a[2][2]

b)

图 4-4 二维数组两种初始化方法的比较

4.2.2 二维数组的初始化及内存分配

1. 二维数组的初始化

4-7
二维数组的初始化及内存分配

为数组分配完空间后，需要对数组进行初始化，可以直接为数组元素赋值，例如：

```
int a[][] = new int[2][2];
a[0][0]=1;
a[0][1]=2;
a[1][0]=3;
a[1][1]=4;
```

也可以不用 new 关键字，而是利用初始化值完成数组的创建与初始化，例如：

```
int[][] a = {{1,2,3},{4,5,6}};          //声明、创建及初始化 2 行 3 列数组
int[][] b = {{1},{2,3},{4,5,6}};        //声明、创建及初始化不规则数组
```

2. 二维数组内存分配

当声明一个二维数组时，同一维数组一样，在栈中生成一个引用变量（指针）。例如：

```
int[][] a;
```

在栈中生成一个名为 a 的引用变量，这时还未生成任何实际的数组，所以堆中没有任何相应的信息（见图 4-5a）。然后创建数组（从第 1 维开始）：

```
a = new int[3][];
```

这时，用 new 关键字生成了一个数组，这个数组是在堆中的，共有 3 个元素，而这 3 个元素是数组（见图 4-5b）。还需要分别为它们分配空间：

```
a[0] = new int[1];
a[1] = new int[2];
a[2] = new int[3];
```

直到这时，数组才可以被访问（见图 4-5c），可以引用数组的数据：

```
a[0][0] = 1;
a[1][1] = 2;
a[2][2] = 3;
```

代码运行的结果是为数组的部分元素赋值（见图 4-5d）。

与一维数组一样，一旦这个数组不再需要，Java 就自动释放它所占用的内存。

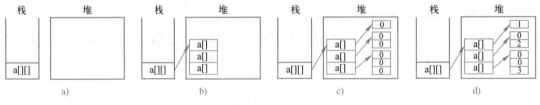

图 4-5　二维数组的内存分配

4.2.3　二维数组的引用

二维数组的引用格式为：

```
数组名[下标 1][下标 2];
```

其中，下标 1、下标 2 分别是第 1 维和第 2 维的数组下标，并且下标为整型常量或表达式，且从 0 开始。

【例 4.3】　通过键盘给一个 3 行 4 列的二维数组输入整型数值，并按表格形式输出此数组的所有元素。

```
import java.util.Scanner;
public class Example4_3 {
    public static void main(String[] args) {
        int[][] a = new int[3][4];
        Scanner sc = new Scanner(System.in);
```

4-8
例 4.3 讲解

```
        int i,j;
        System.out.println("请输入 12 个整数：");
        for (i=0;i<a.length;i++)
            for (j=0;j<a[i].length;j++)
                a[i][j]=sc.nextInt();
        System.out.println("表格形式输出数组：");
        for (i=0;i<a.length;i++){
            for (j=0;j<a[i].length;j++)
                System.out.print(a[i][j]+"\t");
            System.out.println();
        }
    }
}
```

程序运行结果如图 4-6 所示。

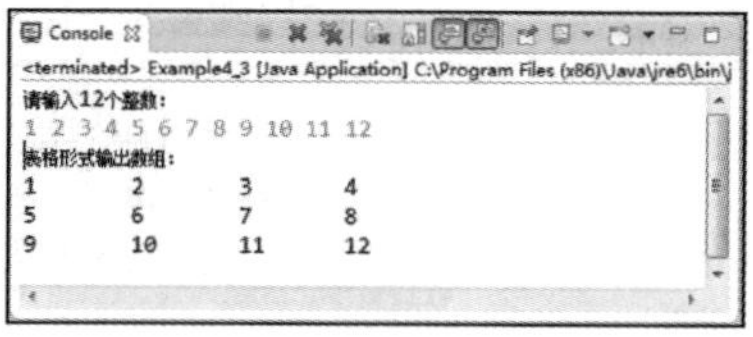

图 4-6　二维数组输入与输出程序运行结果

【例 4.4】　某小组有 5 个学生，考了 3 门课程，他们的学号及成绩如表 4-1 所示，试编程求每个学生的平均成绩，并按表格形式输出每个学生的学号、3 门课程成绩和平均成绩。

表 4-1　学生成绩情况表

学　　号	数　　学	语　　文	英　　语	平　均　分
1001	90	80	85	
1002	70	75	80	
1003	65	70	75	
1004	85	50	60	
1005	80	90	70	

程序代码如下：

```
import java.util.Scanner;
public class Example4_4 {
    public static void main(String[] args) {
        int[][] s = new int[5][5];
        float sum;
        int i, j;
        Scanner sc = new Scanner(System.in);
        System.out.println("请依次输入学号、数学、语文、英语成绩：");
        for (i = 0; i < s.length; i++)
            for (j = 0; j < s[i].length - 1; j++)
                s[i][j] = sc.nextInt();
        for (i = 0; i < s.length; i++) {
            sum = 0;
            for (j = 1; j < s[i].length - 1; j++)
                sum += s[i][j];
            s[i][j] = (int) (sum / 3);
        }
        System.out.println("学号\t 数学\t 语文\t 英语\t 平均分");
        for (i = 0; i < s.length; i++) {
            for (j = 0; j < s[i].length; j++)
                System.out.print(s[i][j] + "\t");
```

4-9 例 4.4 讲解

```
            System.out.println();
        }
    }
}
```

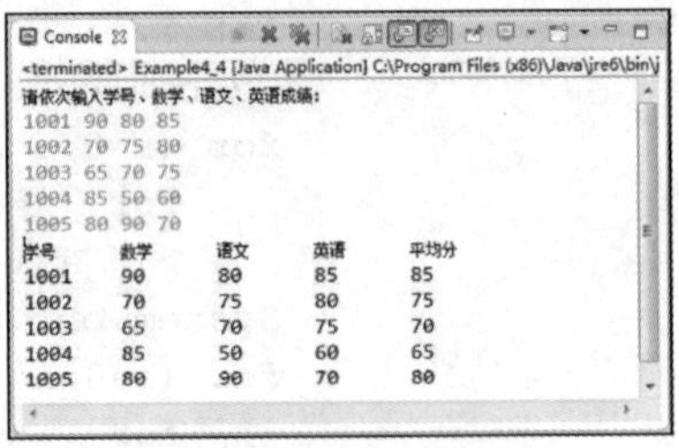

程序运行结果如图 4-7 所示。

【例 4.5】 定义一个三角形数组，存放乘法表的结果。

```
public class Example4_5 {
    public static void main(String[] args) {
        String[][]    triangleArray    =    new    String[9][];
            // 声明并初始化三角形数组
        for (int i = 0;i<triangleArray.length; i++) {
            triangleArray[i] = new String[i + 1];
        }
            // 为该三角形数组赋乘法表的结果
        for (int i = 0; i < triangleArray.length; i++) {
            for (int j = 0; j < triangleArray[i].length; j++) {
                triangleArray[i][j] = (i + 1) + "*" + (j + 1) + "=" + (i
+ 1) * (j + 1);
            }
        }
            // 输出该三角形数组
        for (int i = 0; i < triangleArray.length; i++) {
            for (int j = 0; j < triangleArray[i].length; j++) {
                System.out.print("\t" + triangleArray[i][j]);
            }
            System.out.println();
        }
    }
}
```

图 4-7　学生成绩处理程序运行结果

程序运行结果如图 4-8 所示。

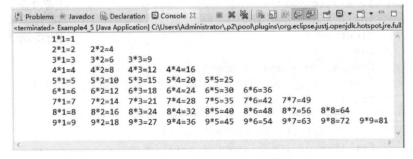

图 4-8　九九乘法表程序运行结果

4-11
数组的常用方法

4.3　数组的常用方法

Java 语言提供了一些对数组操作的方法，这些方法被封装在类中，可以很方便地对数组进行操作。

1. System 类中的 arraycopy 方法

系统类 System 提供了一个复制（克隆）数组的方法，其格式为：

```
public static void arraycopy(Object src, int srcPos, Object dest, int destPos, int length)
```

其中，src 为源数组名，srcPos 为源数组的起始位置，dest 为目标数组名，destPos 为目标数组的起始位置，length 为复制的长度，例如：

```
int a[] = { 1, 2, 3, 4, 5, 6, 7 };
int b[] = new int[6];
System.arraycopy(a, 1, b, 2, 3);        // 结果是 b 的内容为 0 0 2 3 4 0
```

2. java.util.Arrays 类中的有关方法

Arrays 提供了数组操作的多种方法，其中最常用的有 sort 和 binarySearch 两种。

（1）数组排序方法 sort()

排序方法的格式是：

```
public static void sort(Object[] a)
```

其功能是根据元素的自然顺序，对指定对象数组按升序进行排序。例如：

```
int a[] = { 7, 5, 2, 6, 3 };
Arrays.sort(a);              // 结果是 a 的内容为 2 3 5 6 7
```

sort 方法存在重载，其格式为：

```
public static void sort(Object[] arrayname, int fromindex, int toindex)
```

其中，fromindex 和 toindex 分别是进行排序的起始位置和结束位置，排序范围从 fromindex 到 toindex-1，例如：

```
Array.sort(a,1,4);          // 结果是 a 的内容为 7 2 5 6 3
```

（2）查找数组元素方法 binarySearch()

二进制查找方法的格式是：

```
public static int binarySearch(Object[] a, Object key)
```

其功能是从数组 a 中搜索 key 出现的位置，如果找到，返回该元素的下标值，否则返回一个负数。

【例 4.6】　数组元素查找方法 binarySearch() 的一个例子。

```
import java.util.Arrays;
import java.util.Scanner;
public class Example4_6 {
    public static void main(String[] args) {
        int a[] = { 7, 5, 2, 6, 3 };
        int key;
        int pos;
        Scanner sc = new Scanner(System.in);
        System.out.println("请输入要查找的数：");
        key = sc.nextInt();
```

```
        Arrays.sort(a); // 先排序
        pos = Arrays.binarySearch(a, key); // 后查找
        if (pos < 0) {
            System.out.println("元素" + key + "在数组中不存在");
        } else {
            System.out.println("元素" + key + "在数组中的位置为" + pos);
        }
    }
}
```

程序运行结果如图 4-9 所示。

图 4-9　数组元素查找程序运行结果

 【任务实现】

工作任务 5　多职工工资计算器

1. 任务描述

4-12
工作任务 5

本任务实现多职工的工资计算功能，需要使用数组存放具有相同类型的元素信息，如职工姓名、职工各项工资等。

2. 相关知识

本任务的实现，需要掌握一维数组和二维数组的声明、创建及使用方法以及能够使用数组解决实际问题。

3. 任务设计

➢ 编写初始化职工姓名的方法。
➢ 编写初始化职工工资信息的方法。
➢ 编写计算多职工工资的方法。
➢ 编写显示多职工工资的方法。

主程序实现步骤：

1）显示输入提示信息。
2）调用初始化职工姓名的方法，录入职工姓名。
3）调用初始化职工工资信息的方法，初始化工资信息。
4）调用计算多职工工资的方法，录入并计算职工工资。
5）调用显示多职工工资的方法，实现职工工资的显示。

4. 任务实施

程序代码如下:

```java
import java.util.Scanner;
public class MultiEmpSalaryCal {
    // 初始化多职工工资数组
    public double[][] initMultiEmpSal() {
        System.out.println("请输入用户数量：");
        Scanner sc = new Scanner(System.in);
        int n = sc.nextInt();
        double[][] empSalary = new double[n][5];
        return empSalary;
    }

    // 初始化存放多名职工姓名的一维数组
    public String[] initMultiEmpName(double[][] empSalary) {
        Scanner sc = new Scanner(System.in);
        String[] empName = new String[empSalary.length];
        for (int i = 0; i < empSalary.length; i++) {
            System.out.println("请输入第" + (i + 1) + "名职工的姓名：");
            empName[i] = sc.next();
        }
        return empName;
    }

    // 接收多名职工的工资信息，并计算总工资
    public double[][] calculateTotalSalary(double[][] empSalary) {
        Scanner sc = new Scanner(System.in);
        int i, j;
        for (i = 0; i < empSalary.length; i++) {
            System.out.println("请输入第" + (i + 1)+ "名职工的基本工资、津贴和
奖金：");

            for (j = 0; j < empSalary[i].length - 2; j++) {
                empSalary[i][j] = sc.nextDouble();
            }
            System.out.println("请输入统计时间（以月为单位）：");
            empSalary[i][j] = sc.nextInt();
        }
        for (i = 0; i < empSalary.length; i++) {
            empSalary[i][4] = empSalary[i][0] * empSalary[i][3]
                    + empSalary[i][1] * empSalary[i][3] + empSalary[i][2];
        }
        return empSalary;
    }
    // 显示多名职工的工资信息
    public void showTotalSalary(String[] userName, double[][] empSalary) {
        int i, j;
        System.out.println("职工名\t基本工资\t津贴\t奖金\t统计月份\t总工资");
        for (i = 0; i < userName.length; i++) {
            System.out.print(userName[i] + "\t");
            for (j = 0; j < empSalary[0].length; j++)
```

```
                    System.out.print(empSalary[i][j] + "\t");
                System.out.println();
            }
        }

        public static void main(String[] args) {
            MultiEmpSalaryCal multiEmpSalCal = new MultiEmpSalaryCal();
            System.out.println("欢迎使用职工工资计算工具！");
            double[][] empSalary = multiEmpSalCal.initMultiEmpSal();
            String[] userName = multiEmpSalCal.initMultiEmpName(empSalary);
            empSalary = multiEmpSalCal.calculateTotalSalary(empSalary);
            multiEmpSalCal.showTotalSalary(userName, empSalary);
        }
    }
```

5. 运行结果

程序运行结果如图 4-10 所示。

图 4-10　工作任务 5 运行结果示意图

6. 任务小结

本任务使用一维数组存放职工姓名，使用二维数组存放职工工资信息，实现了多职工工资计算功能。

【本章小结】

本章主要介绍了具有相同数据类型的一系列数据元素的集合（即数组）的程序设计方法，重点介绍了一维数组和二维数组的声明、创建、初始化和引用以及数组操作相关的常用类和方法。

【习题 4】

一、选择题

1. 现有程序：

```java
class TestApp{
    public static void main(String[] args) {
        int[] myarray = { 10, 11, 12, 13, 14 };
        int sum = 0;
        for (int x : myarray)
            sum += x;
        System.out.println("sum=" + sum);
    }
}
```

上述程序运行后的结果是（　　　）。

（A）sum:10　　　　　　　　　（B）sum=70

（C）sum=60　　　　　　　　　（D）运行时抛出异常

2. 下列有关数组的声明中正确的是（　　　）。（选两项）

（A）int s[10];　　　　　　　　（B）int[10] s;

（C）int[] s={1, 2, 3, 4, 5};　　　（D）int s[];

3. 以下初始化数组的方式错误的是（　　　）。

（A）String[] names = { "zhang", "wang", "li" };

（B）String names[] = new String[3]; names[0] = "zhang"; names[1] = "wang"; names[2] = "li";

（C）String[3] names = { "zhang", "wang", "li" };

（D）以上皆正确

二、填空题

1. 系统类 System 提供了一个复制（克隆）数组的方法：＿＿＿＿＿＿＿＿＿。

2. Arrays 提供了数组排序方法：＿＿＿＿＿＿和二进制查找数组元素的方法：＿＿＿＿＿＿＿。

三、简答题

1. 简述一维数组的声明与创建方法。

2. 简述二维数组的声明与创建方法。

3. 简述二维数组在内存中是如何存储的。

四、编程题

1. 某班有 30 名学生进行了数学考试，编写程序将考试成绩输入一维数组，并求数学的平均成绩及不及格学生的人数。

2. 设有一数列，它的前 4 项为 0、0、2、5，以后每项分别是其前 4 项之和，编程求此数列的前 20 项。

3. 设计一程序打印杨辉三角形。

```
1
1   1
1   2   1
1   3   3   1
1   4   6   4   1
1   5   10  10  5   1
1   6   15  20  15  6   1
1   7   21  35  35  21  7   1
1   8   28  56  70  56  28  8   1
1   9   36  84  126 126 84  36  9   1
```

4．某小组有 5 个学生，考了 3 门课程，他们的学号及成绩如表 4-2 所示，试编程求每个学生的总成绩及每门课的最高分，并按表 4-2 形式输出。

表 4-2　学生成绩情况表

学　　号	数　　学	语　　文	英　　语	总　成　绩
1001	90	80	85	
1002	70	75	80	
1003	65	70	75	
1004	85	60	70	
1005	80	90	70	
最高分				

5．输入一个 5 行 5 列的二维数组，编程实现：
（1）求出其中的最大值和最小值及其对应的行列位置。
（2）求出主、副对角线上的各元素之和。

第5章　类与对象

【引例描述】

➤ 问题提出

在面向对象程序设计中，通过定义类将属性和对属性的操作封装在一起，在"职工工资管理"程序中如何定义职工类呢？职工类包含哪些属性和哪些方法？程序设计如何实现？

➤ 解决方案

本章介绍 Java 面向对象的基本概念和类的封装。对象是描述现实世界中客观事物的实体。而类是具有相同属性和服务的一组对象的集合。

通过本章学习，读者可掌握类的声明、成员变量和成员方法的声明、构造方法的定义、对象的使用、类的访问控制修饰符、静态变量与静态方法及内部类等的程序实现方法，并能综合运用类的特性实现职工类设计任务。

 【知识储备】

5.1 面向对象的基本概念

面向对象思维是从现实世界中客观存在的事物（即对象）出发来构造软件系统，并且在系统构造中尽可能运用人类的自然思维方式。类（class）和对象（object）就是面向对象的核心概念。

5-1
面向对象的基本概念

5.1.1 面向对象的术语

1. 对象

对象是系统中用来描述客观事物的一个实体，它是构成系统的一个基本单位，如家中使用的电视机、在学校上学的学生等。每个对象都有一组属性和对这组属性进行操作的行为，如学生有学号、姓名、性别、年龄等属性，有吃饭、学习、睡觉等行为。客观世界是由对象和对象之间的联系组成的。

2. 类

类是相同属性和行为的一组对象的集合。类是对象的模板，即类是对一组有相同数据和相同操作的对象的定义，一个类所包含的方法和数据描述一组对象的共同属性和行为。类是在对象之上的抽象，对象则是类的具体化，是类的实例。类可有其子类，也可有其他类，形成类层次结构。

5.1.2　面向对象的基本特征

1．封装性

封装性是把属性和方法包装起来，并尽可能隐蔽内部细节，从而实现信息隐藏和模块化。

封装性可以实现对象的设计者和使用者的分离，使用者不必知道行为实现的细节，只需要知道如何传递消息（即如何调用方法）即可。

2．继承性

继承体现了一种先进的编程模式。子类可以继承父类的属性和行为，即继承了父类的数据及对数据的操作，同时又可以具有自己的属性和行为。

继承性实现了代码的复用。

3．多态性

多态是面向对象编程的又一个重要特征。有两种意义的多态，一种是方法的重载，即多个操作具有相同的方法名，通过参数的类型不同或个数不同确定到底执行哪种方法；另一种是和继承有关的多态，即同一方法被不同对象调用时可以产生不同的行为。

多态性解决了同名方法的问题。

5.2　类的封装

在 Java 程序中，用类来描述实体的抽象概念，用对象来描述实体的具体个体。实体的属性被定义为类的成员变量，实体的行为被定义为类的成员方法，从而实现类的封装。

5-2
类的声明

1．类的声明

声明类的语法格式如下：

```
[类修饰符] class 类名 [extends 基类] [implements 接口列表]{
    [成员变量声明]
    [构造方法定义]
    [成员方法定义]
}
```

说明：

① 类修饰符[可选]：用于规定类的一些特殊性，如访问控制、抽象类等。

② 类名：类的名字，类名一般首字母用大写，其余用小写。如果类名由多个单词组成，则每个单词的首字母大写。

③ extends 基类：表示新类由父类派生，Java 只支持单继承。

④ implements 接口列表：表示实现接口。因 Java 支持单继承，但可以实现多个接口，为多重继承软件开发提供方便。

⑤ 类体：用花括号括起，类体中可有成员变量声明、构造方法定义和成员方法定义。

如以下语句：

```
public class Circle {
    //成员变量
    //成员方法
}
```

定义了一个圆类，该类的访问权限是 public，即该类拥有公共作用域，具体含义将在第 5.3 节介绍。该类的类名为 Circle，在类体中定义描述圆半径属性的成员变量，以及求圆面积和圆周长的成员方法。

2. 类的成员变量

类的成员变量用于定义类的属性，该成员变量可被类内所有方法访问，其作用范围是整个类。声明成员变量的格式为：

> [变量修饰符] 数据类型 变量名 [= 初始值]；

如以下语句：

```
public class Circle {
    private double radius;        //定义描述半径的成员变量
    //成员方法
}
```

上述语句在 Circle 类中定义了描述半径的成员变量 radius。其中，private 为私有作用域，表示该成员变量只能在类内被访问。**double** radius 定义了一个双精度型变量 radius，定义方法与第 2 章中介绍的变量定义的语法规则相同。在定义成员变量的同时可以为其赋初值，如 **private double** radius=1，给 radius 赋初值 1，若未给出初值，则系统会根据成员变量的数据类型，给成员变量赋相应的默认初始值，如表 5-1 所示。

表 5-1　各种数据类型的成员变量的默认初始值

成员变量的数据类型	默认初始值
byte	0
short	0
int	0
long	0L
float	0.0F
double	0.0D
char	'\u0000'（表示为空）
boolean	false
all reference type	null

3. 类的成员方法

（1）方法的定义

类的成员方法描述了对象所具有的功能和操作，是对象的行为，与 C++ 中函数的概念相当，其格式为：

> [方法修饰符] 返回类型 方法名（[参数列表]）[throws 异常列表]{
> 　　[方法体]
> }

说明：

① 方法修饰符[可选]：有 public、private、static、final 等。

② 返回类型：返回值的类型，可以是基本数据类型，也可以是引用数据类型。如果没有返回值，则用 void 作为返回值类型。

③ 方法名：方法的名字。

④ 参数列表[可选]：方法的参数列表，形式为 "[类型 1] [参数名 1], [类型 2] [参数名 2]…"。参数列表必须放在圆括号内，即使没有参数，圆括号也不能省略。

⑤ 异常列表[可选]：异常处理详见第 8 章。

⑥ 方法体[可选]：用一对花括号括起来的方法体，其中包括局部变量声明、语句以及 return 语句等。

例如求圆面积的方法为：

```java
public class Circle {
    private double radius;
    //求圆面积的方法
    double getArea() {
        return Math.PI * radius * radius;
    }
}
```

上述 getArea()方法，方法名为 getArea()，没有定义参数，在方法体中，直接使用成员变量 radius 求圆的面积，最终返回通过计算获得的面积值，成员变量的作用域是整个类。

（2）getters()和 setters()

除了用户自定义的成员方法外，Java 还提供了 getters()和 setters()方法。在面向对象的程序设计中，成员变量权限一般都设为 private，不提倡直接访问类的成员变量，而是通过 getters()和 setters()方法来访问属性。

➢ getters()方法用于读取成员变量的值，方法名是 get 加上首字母大写的变量名，没有参数，返回值类型与成员变量的数据类型相同。例如获取半径的 getters()方法为：

```java
public double getRadius() {
    return radius;
}
```

➢ setters()方法用于设置成员变量的值，方法名是 set 加上首字母大写的变量名，无返回值，有一个与成员变量的数据类型相同的参数。例如设置半径的 setters()方法为：

```java
public void setRadius(double radius) {
    this.radius = radius;
}
```

在这个方法中，setRadius()方法的参数名与成员变量名相同，为了区分这两个变量，用 this 关键字访问类中的成员变量，this 代表引用自身对象。

通过使用 getters()和 setters()方法访问数据成员，若只设置 getters()方法，该成员变量只能读取，不能修改，相当于设置了只读属性；在 setters()方法中，可以在设置变量值前进行数据合法性校验。

Eclipse 提供了一个自动生成 getters()和 setters()方法的功能，从主菜单中选择【Source】→【Generate Getters() and Setters()…】，在弹出的对话框中选择需要生成 getters()和 setters()方法的

属性，单击【OK】按钮即可（见图 5-1）。

（3）构造方法

普通变量可以在定义的同时对其赋初值。用类创建对象的同时，对对象赋初值是通过构造方法进行的。其语法格式为：

图 5-1　生成 getters()和 setters()方法

```
[方法修饰符] 类名（[参数列表]）[throws 异常列表]{
    [方法体]
}
```

说明：

① 构造方法的修饰符只有 public、protected 和 private。

② 构造方法与类同名，包括大小写也完全相同。

③ 构造方法不能有返回值，也不能指定返回 void。

1）无参的构造方法。

Java 语言自动为每个类提供一个默认的构造方法，这个构造方法是一个不带任何参数、没有任何操作的方法。例如 Circle 类的默认构造方法是：

```
public Circle() {
}
```

2）有参的构造方法。

可以定义有参的构造方法，为成员变量赋初值。例如：

```
public Circle(double radius) {
    this.radius = radius;
}
```

上述构造方法，通过接收参数 radius 的值，为成员变量 radius 赋初值。

在 Java 程序设计中，构造方法是在用 new 关键字创建对象的时候被调用的，且一个类可以有多个重载的构造方法，通过参数的个数不同或者类型不同来决定到底调用哪个构造方法对对象进行初始化。如果自定义了构造方法，则 Java 不再提供默认的构造方法，若要调用无参的构造方法，须自己定义。

【例 5.1】　定义圆类 Circle。

1）圆类 Circle 的成员变量：radius 表示圆的半径。

2）圆类 Circle 的成员方法如下。

Circle()：构造方法，将半径置 0；

Circle(double radius)：构造方法，创建 Circle 对象时将半径初始化为 radius；

double getRadius()：获得圆的半径值；

double setRadius()：设置圆的半径值；

double getPerimeter()：获得圆的周长；

double getArea()：获得圆的面积；

void disp()：将圆的周长和圆的面积输出到屏幕。

程序代码如下：

```
public class Circle {
    private double radius;    //定义成员变量 radius
    public Circle() {         //定义无参的构造方法
```

```
            radius = 0;
        }
    public Circle(double radius) {          //定义有参的构造方法
        this.radius = radius;
    }
    public double getRadius() {             //定义 getters()方法
        return radius;
    }
    public void setRadius(double radius) { //定义 setters()方法
        this.radius = radius;
    }
    double getPerimeter() {                 //定义求周长方法
        return 2 * Math.PI * radius;
    }
    double getArea() {                      //定义求面积方法
        return Math.PI * radius * radius;
    }
    void disp() {                           //定义信息显示的方法
        System.out.println("圆的周长为: " + getPerimeter());
        System.out.println("圆的面积为: " + getArea());
    }
}
```

上述程序定义了圆（Circle）类，并封装了圆的半径（radius）属性以及求圆周长（getPerimeter）和圆面积（getArea）的方法，实现了封装性。定义了圆类之后，接下来就可以定义类的实例及对象进行具体使用。

4. 类的实例

声明一个类就是定义一个新的引用数据类型，可以用这个数据类型来声明这种类型的变量（即对象、实例）。

（1）声明对象

创建对象包括声明对象和实例化对象两个部分，声明对象的格式为：

    ［变量修饰符］ 类名 对象名;

说明：

① 类名：将声明过的类作为一种引用数据类型。

② 对象名：对象（实例）的名字，它作为一个变量来使用，命名遵从变量命名的原则。

例如：

```
    Circle c;
```

这行代码定义了 Circle 类的实例（也称为对象或变量）：c。

（2）创建对象

声明过的对象不能被引用，它的默认值是 null（空），必须使用 new 关键字创建这个对象。

    对象名 = new 类名([参数列表]);

说明：

① 对象名：即实例名或变量名。

② 类名：类名必须与声明对象时的类名相一致。

③ 参数列表[可选]：调用相应的构造方法，用参数初始化对象。

例如：
```
        c = new Circle();
或      c = new Circle(10);
```

第 1 条语句调用了无参的构造方法，第 2 条语句调用只接收一个参数的构造方法，将参数 10 传给成员变量 radius。需要指出的是，即使没有参数，圆括号也是不能省略的。可以将声明和创建对象写成一条语句：

```
        Circle c = new Circle();
或      Circle c = new Circle(10);
```

（3）对象的使用

声明和创建了一个对象以后，就能像使用变量那样使用它。使用的方式是通过读取它的属性、设置它的属性或者是调用它的方法来实现的。

1）引用对象的属性。

引用对象的成员变量，需要使用点分隔符 "."：

```
    对象名.成员变量名
```

2）调用对象的方法。

调用对象的方法，需要使用点分隔符 "."，没有参数时，圆括号也不能省略：

```
    对象名.方法名([参数列表])
```

（4）对象的销毁

在创建对象时，JVM 为对象分配一块内存空间，当这个对象不再需要时，Java 的垃圾回收机制会自动释放这个空间，不需要程序员干预。

【例 5.2】 定义 TestCircle 类，创建【例 5.1】中 Circle 类的对象，分别调用有参的构造方法和接收键盘的输入值作为圆的半径，输出圆的周长和面积。

程序代码如下：

```java
import java.util.Scanner;
public class TestCircle {
    public static void main(String[] args) {
        //调用有参的构造方法，为成员变量赋初值
        System.out.println("调用有参的构造方法，为成员变量赋初值10.");
        Circle c1 = new Circle(10);
        c1.disp();

        //通过键盘接收值，为成员变量赋值
        System.out.println("通过键盘接收值，为成员变量赋值.");
        Scanner sc = new Scanner(System.in);
        Circle c2 = new Circle();
        double r;
        System.out.println("请输入圆的半径: ");
        r = sc.nextDouble();
        c2.setRadius(r);
        c2.disp();
    }
}
```

程序运行结果如图 5-2 所示。

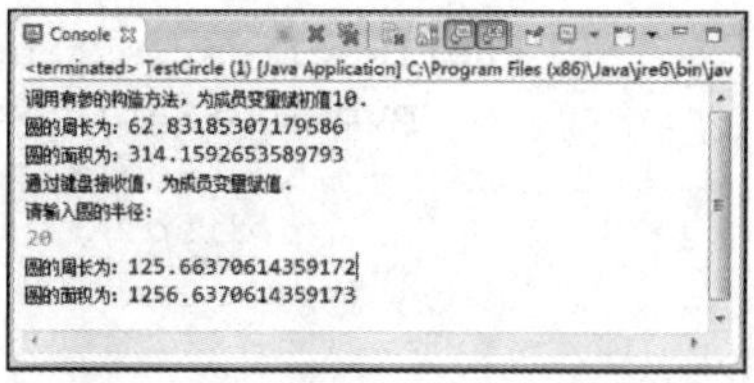

图 5-2 Circle 类程序运行结果

【例 5.3】 定义矩形类 Rectangle。

1）矩形类 Rectangle 的成员变量：length 表示矩形的长，width 表示矩形的宽。

2）矩形类 Rectangle 的成员方法如下。

Rectangle ()：无参的构造方法；

Rectangle (double length, double width)：构造方法，初始化矩形的长与宽；

getters()和 setters()方法；

double getPerimeter()：获得矩形的周长；

double getArea()：获得矩形的面积；

void disp()：将矩形的周长和矩形的面积输出到屏幕。

定义 TestRectangle 类，调用有参的构造方法初始化矩形的长与宽，输出矩形的周长和面积。

程序代码如下：

```java
public class Rectangle {
    private double length;
    private double width;
    public double getLength() {
        return length;
    }
    public void setLength(double length) {
        this.length = length;
    }
    public double getWidth() {
        return width;
    }
    public void setWidth(double width) {
        this.width = width;
    }
    public Rectangle(double length, double width) {
        this.length = length;
        this.width = width;
    }
    public Rectangle() {
    }
    public double getPerimeter() {
        return (length + width) * 2;
    }
    public double getArea() {
        return length * width;
    }
    public void disp(){
        System.out.println("矩形的长为："+length+",宽为："+width);
        System.out.println("矩形的周长是："+getPerimeter());
        System.out.println("矩形的面积是："+getArea());
    }
}
public class TestRectangle {
    public static void main(String[] args) {
        Rectangle r = new Rectangle(10, 5);
        r.disp();
    }
}
```

程序运行结果如图 5-3 所示。

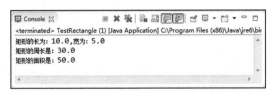

图 5-3　Rectangle 类程序运行结果

5.3　成员访问权限

5.3.1　访问控制修饰符

5-7
访问控制修饰
符

访问控制修饰符共有 4 个，分别是 public、private、protected 和 default。这 4 个访问修饰符是互斥的，可用于修饰成员变量和成员方法，public 和 default 可用于修饰类和接口。

（1）修饰类和接口

public 和 default 可用于修饰类和接口。用 public 修饰的类或接口是公开的，可被任何类引用。default 即为默认状态，这时的类或接口的访问权限为同一包内可见。

包是类、接口和其他包的集合，建包的目的是有效区分名字相同的类。不同 Java 源文件中的两个类名字相同时，它们可以通过隶属不同的包来区分。

包的声明格式：

```
package 包名;
```

从主菜单中选择【New】→【Package】，输入包名即可创建包。Eclipse 自动创建与包名对应的文件目录，如包名为com.chap05，则在项目源代码根目录下创建目录com/chap05。

如本章例题均保存在 chap05 包中（如图 5-4a），则本章各例题均会自动生成 package chap05 语句。Java 源文件会保存在相应的 chap05 文件夹内（如图 5-4b）。

图 5-4　用 Eclipse 创建的包及对应的目录结构

a) 用 Eclipse 创建的包　b) 与 Eclipse 的包对应的文件目录结构

包内可见权限表示可被同一包内的类引用。

若类的访问权限是 public，则其他包的类可以引用该类，但引用前须导入包。导入包的语句是：

```
import 包名.类名;
```

如 chap05 包中的类要引用 chap04 包中的类，须添加导入包声明：

```
import chap04.类名;
```

其中类名表示要导入的类的类名，也可以用 "*" 号表示导入该包中的所有类。

用 public 修饰类时，应该注意以下两点。

➢ public 类的类名必须与源代码文件名完全相同。

➢ 一个源代码文件中，最多只能有一个 public 类，否则出现编译错误。

（2）修饰成员变量和成员方法

4 个访问修饰符都能用于修饰成员变量和成员方法，用于限制访问范围。用 public 修饰的成员变量和成员方法拥有公共作用域，表明类的成员可以被任何 Java 类访问，具有最广泛的作用范围；用 protected 修饰的成员变量和成员方法拥有受保护作用域，可以被一个包中的所有类及其他包中该类的子类访问；用 private 修饰的成员变量和成员方法拥有私有作用域，只能在此类中被访问，是最保守的作用范围；没有任何修饰符的是默认访问权限，表明类的成员可以被一个包中的所有类访问。Java 类成员的访问控制如表 5-2 所示。

表 5-2　Java 类成员的访问控制

访问控制符	同一个类中	同一个包中	不同包的子类	不同包的非子类
private	可以访问	×	×	×
default（默认）	可以访问	可以访问	×	×
protected	可以访问	可以访问	可以访问	×
public	可以访问	可以访问	可以访问	可以访问

注意，类成员的作用范围受到类的作用范围的限制，如果类的作用范围为包内可见，那么它的成员即使是 public 修饰的，也只能在同一包内可见。

【例 5.4】　测试成员变量访问控制修饰符的作用。

1）在同一个包中。

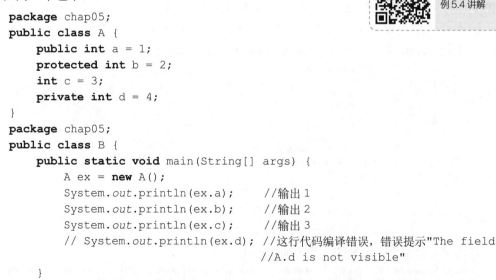
5-8
例 5.4 讲解

```java
package chap05;
public class A {
    public int a = 1;
    protected int b = 2;
    int c = 3;
    private int d = 4;
}
package chap05;
public class B {
    public static void main(String[] args) {
        A ex = new A();
        System.out.println(ex.a);      //输出 1
        System.out.println(ex.b);      //输出 2
        System.out.println(ex.c);      //输出 3
        // System.out.println(ex.d);   //这行代码编译错误，错误提示"The field
                                        //A.d is not visible"
    }
}
```

上述实例表明，两个类在同一包中，仅 private 修饰的成员不能被另一个类访问。须为该私有成员定义公共 getters 方法，以便其他类访问该成员。

在类 A 中，添加成员方法：

```
public int getD() {
        return d;
}
```

在类 B 中调用 getD()方法访问成员变量 d：

```
System.out.println(ex.getD());
```

2）不在同一个包中。

```
package chap04;              //类A放到chap04包中
public class A {
    public int a = 1;
    protected int b = 2;
    int c = 3;
    private int d = 4;
}
package chap05;         //类B在chap05包中
import chap04.A;        //导入chap04包中的类A
public class B {
    public static void main(String[] args) {
        A ex = new A();
        System.out.println(ex.a);    //输出1
        System.out.println(ex.b);    //这行代码编译错误，错误提示"The field
                                     //A.b is not visible"
        System.out.println(ex.c);    //这行代码编译错误，错误提示"The field
                                     //A.c is not visible"
        System.out.println(ex.d);    //这行代码编译错误，错误提示"The field
                                     //A.d is not visible"
    }
}
```

上述实例表明，两个类不在同一包中，仅 public 修饰的成员能被另一个类访问，与表 5-2 所述一致。关于不同包的子类权限测试，将在第 6 章中类的继承性中进行说明。

5.3.2 static 修饰符

static 修饰符用于修饰类的静态成员。用 static 修饰的变量称为类变量或静态变量；用 static 修饰的方法称为类方法或静态方法。没用 static 修饰的变量和方法则称之为实例变量和实例方法。

5-9
static 修饰符

类成员（静态成员）属于这个类而不属于这个类的某个对象，它由这个类的所有对象共同拥有；实例成员由类的每一个对象独有。

（1）静态变量

用 static 修饰的成员变量称为静态变量或类变量，静态变量属于这个类而不属于这个类的某个对象，存储在公共存储空间中，由各个实例共享。静态变量的访问方法如下：

类名.静态变量名

与静态变量相对应的是实例变量，实例变量属于各个实例对象。实例变量的访问方法：

对象名.实例变量名

（2）静态方法

用 static 修饰的成员方法称为静态方法或类方法，类方法属于类，且静态方法只能访问同一个类的静态变量和静态方法，不能访问实例变量和实例方法。静态方法的引用方法如下。

类名.静态方法名(参数);

没有 static 修饰的方法为实例方法，实例方法属于实例，其引用方法如下。

对象名.实例方法名(参数);

下面通过例子来说明类变量（静态变量）与实例变量、类方法（静态方法）与实例方法的区别。

【例 5.5】　类变量与实例变量的区别。

```
public class StaticDemo {
    int i; // 实例变量
    static int j; // 静态变量
    public void print() {
        System.out.println("i=" + i + "\t" + "j=" + j);
    }
}
public class TestSD {
    public static void main(String[] args) {
        StaticDemo sd1 = new StaticDemo();
        StaticDemo sd2 = new StaticDemo();
        sd1.i++;
        StaticDemo.j++;
        sd1.print();
        sd2.print();

        System.out.println("------------------------");

        sd2.i++;
        sd2.j++;
        sd1.print();
        sd2.print();
    }
}
```

程序运行结果如图 5-5 所示。

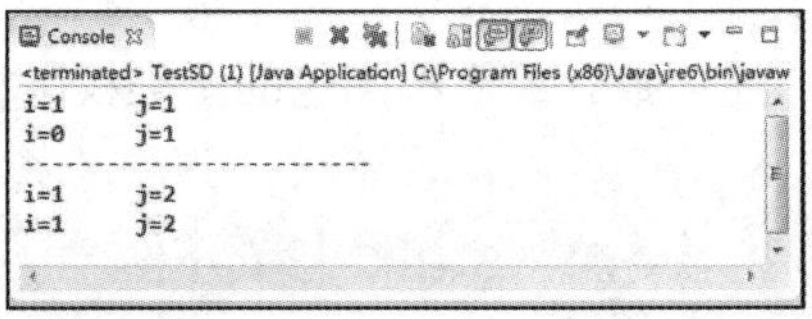

图 5-5　类变量实例运行结果

从【例 5.5】可以看出，i 是实例变量，每个对象独有，故两个对象的 i、j 值第 1 次输出时，对象 sd1 的 i 实现了自增，其值为 1，对象 sd2 的 i 值为初始值 0；而 j 是静态变量，是两个对象共享的变量，j 实现自增后，两个对象的 j 值均为 1。两个对象的 i、j 值第 2 次输出时，对象 sd1 的 i 值保持不变，对象 sd2 的 i 实现了自增，其值为 1，通过 "sd2.j++;" 语句实现了 j 值的自增，虽然通过实例 sd2 实现了 j 值的增加，但结果是一样的，访问了同一个变量，j 值增加后，两对象输出的 j 值均为 2。

【例 5.6】　类方法和实例方法的区别。

```
public class Student {
    private static String schoolName;    //定义学校名称为类变量，为所有学生共享
```

```java
    private String name;
    private int age;
    public Student(String name, int age) {
        super();
        this.name = name;
        this.age = age;
    }
    public static String getSchoolName() {   //静态方法访问静态变量
        return schoolName;
    }
    public static void setSchoolName(String schoolName) {
        Student.schoolName = schoolName;
    }
    public String getName() {
        return name;
    }
    public void setName(String name) {
        this.name = name;
    }
    public int getAge() {
        return age;
    }
    public void setAge(int age) {
        this.age = age;
    }
}
public class TestStudent {
    public static void main(String[] args) {
        Student lm = new Student("李明",18);
        Student wq = new Student("吴倩",18);

        System.out.println("通过类名调用类方法设置学生所属学校：");
        Student.setSchoolName("育英小学");
        System.out.println(lm.getName()+"是"+lm.getSchoolName()+"的学生。");
        System.out.println(wq.getName()+" 是 "+Student.getSchoolName()+" 的
学生。");

        System.out.println("改为育红小学，通过对象调用类方法设置：");
        lm.setSchoolName("育红小学");
        System.out.println(lm.getName()+" 是 "+Student.getSchoolName()+" 的
学生。");
        System.out.println(wq.getName()+"是"+wq.getSchoolName()+"的学生。");
    }
}
```

程序运行结果如图 5-6 所示。

从【例 5.6】可以看出，每个学生实例都有自己的姓名，因为姓名是实例变量。而所有学生实例共享一个学校名字，因为学校名字是类变量，是由这个类的所有实例共享的，通过类名访问静态成员和使用实例对象访问静态成员结果都是一样的，访问的都是同一个变量。

图 5-6 类方法实例运行结果

5.3.3　final 和 abstract 修饰符

final 和 abstract 修饰符是互斥的，因为它们的含义正好相反：final 表示最后的、最终的、不能改变的，而 abstract 表示抽象的、必须改变的。

5-12
final 和 abstract
修饰符

final 可以修饰变量（成员变量和局部变量），这时变量就是最终的、不可改变的，也就是说，它是一个常量，例如：

```
final int MAX_SOCRE = 100;         // 常量，表示百分制成绩的最高分
```

final 也可以修饰方法和类，这时方法不能被覆盖，类不能被继承。

abstract 可以修饰方法、类和接口，即方法必须被覆盖，类必须被继承，接口默认是用 abstract 修饰的，接口必须被实现。这两个修饰符将在第 6 章详细讨论。

【任务实现】

工作任务 6　职工类设计

---

1. 任务描述

5-13
工作任务 6

本任务实现职工类的设计，定义私有的职工属性，如职工编号、职工姓名、职工所在部门及职工的年龄、性别和联系方式等，定义公共的构造方法、getters 和 setters 方法以及职工信息显示方法。

2. 相关知识

本任务的实现，需要掌握类的声明与对象的创建的方法，掌握调用构造方法对对象进行初始化的方法，以及能够使用类解决实际问题。

3. 任务设计

类设计：

1）定义私有的职工类成员变量。

2）编写有参和无参的职工类构造方法。

3）编写访问私有成员变量的 getters 和 setters 方法。

4）编写显示职工信息的方法。

主程序：

1）显示输入提示信息。

2）使用 Scanner 对象输入职工的各项信息。

3）调用无参的构造方法生成对象，通过 setters 方法设置属性值，并调用 show 方法显示职工信息。

4）调用有参的构造方法生成对象，调用 show 方法显示职工信息。

4．任务实施

程序代码如下：

```java
package task6;
public class Employee {
    private String id;           // 职工编号
    private String name;         // 职工姓名
    private String department;   // 职工所属部门
    private String cardID;       // 职工身份证号
    private char sex;            // 职工性别
    private String phone;        // 职工联系方式
    private String email;        // 职工 Email

    // 以下为各成员变量的 getters 和 setters 方法
    public String getId() {
        return id;
    }
    public void setId(String id) {
        this.id = id;
    }
    public String getName() {
        return name;
    }
    public void setName(String name) {
        this.name = name;
    }
    public String getDepartment() {
        return department;
    }
    public void setDepartment(String department) {
        this.department = department;
    }
    public String getCardID() {
        return cardID;
    }
    public void setCardID(String cardID) {
        this.cardID = cardID;
    }
    public char getSex() {
        return sex;
    }
    public void setSex(char sex) {
        this.sex = sex;
    }
    public String getPhone() {
        return phone;
    }
    public void setPhone(String phone) {
        this.phone = phone;
    }
}
```

```java
    public String getEmail() {
        return email;
    }
    public void setEmail(String email) {
        this.email = email;
    }
    // 有参的构造方法
    public Employee(String id, String name, String department, String cardID,
            char sex, String phone, String email) {
        super();
        this.id = id;
        this.name = name;
        this.department = department;
        this.cardID = cardID;
        this.sex = sex;
        this.phone = phone;
        this.email = email;
    }
    // 无参的构造方法
    public Employee() {
    }
    // 显示职工信息的方法
    public void showEmployee() {
        System.out.println("职工编号: "+ id +", 职工姓名: "+ name +", 职工部门: "
                + department + ", 职工身份证号: "+ cardID+", 职工性别: "+ sex+", 职工电话: "
                + phone + ", 邮箱: " + email);
    }
}
package task6;
import java.util.Scanner;
public class TestEmployee {
    public static void main(String[] args) {
        // 调用无参的构造方法
        Employee e1 = new Employee();
        // 通过 Scanner 对象获得职工信息
        Scanner sc = new Scanner(System.in);
        System.out.println("请输入职工编号: ");
        String id = sc.next();
        System.out.println("请输入职工姓名: ");
        String name = sc.next();
        System.out.println("请输入职工所在部门: ");
        String department = sc.next();
        System.out.println("请输入职工性别: ");
        char sex = sc.next().charAt(0);
        System.out.println("请输入职工电话: ");
        String phone = sc.next();
        System.out.println("请输入职工身份证号: ");
        String cardID = sc.next();
```

```
System.out.println("请输入职工邮箱: ");
String email = sc.next();

// 通过 setXXX 方法为对象赋值
e1.setId(id);
e1.setName(name);
e1.setDepartment(department);
e1.setCardID(cardID);
e1.setSex(sex);
e1.setPhone(phone);
e1.setEmail(email);
// 显示职工信息
e1.showEmployee();

// 调用有参的构造方法为职工对象赋初值
Employee e2 = new Employee("1002","李明","软件系","320204****02010025",
        '女', "13967654323", "45654345@qq.com");
// 显示职工信息
e2.showEmployee();
    }
}
```

5. 运行结果

程序运行结果如图 5-7 所示。

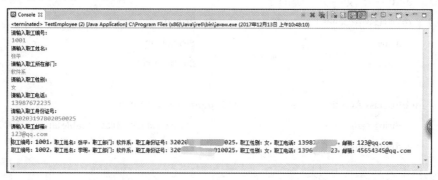

图 5-7   工作任务 6 运行结果示意图

6. 任务小结

本任务实现了职工类的设计，定义了私有的职工属性，还定义了公共的构造方法、getters 和 setters 方法以及职工信息显示方法。

【本章小结】

本章主要介绍了类和对象的概念以及类的封装程序设计方法，重点介绍了类的声明、对象的创建、类的访问控制修饰符、static 修饰符和内部类的程序设计方法。

【习题 5】

一、选择题

1. 下列有关类、对象和实例的叙述，正确的是（ ）。
   （A）类就是对象，对象就是类，实例是对象的另一个名称，三者没有差别
   （B）对象是类的抽象，类是对象的具体化，实例是对象的另一个名称
   （C）类是对象的抽象，对象是类的具体化，实例是类的另一个名称
   （D）类是对象的抽象，对象是类的具体化，实例是对象的另一个名称

2. 有关 new 关键字的描述正确的是（ ）。
   （A）创建对象实例的时候可以不使用 new 关键字
   （B）new 所创建的对象不占用内存空间
   （C）new 会调用类的构造器来创建对象
   （D）new 所创建的对象一定存在引用变量

3. 下列类 Account 的构造方法中，声明正确的是（ ）。
   （A）Account(String name){}　　　　（B）Account(String name)
   （C）Account(name){}　　　　（D）NewAccount(String name){}

4. 类 Account 中字段声明正确的是（ ）。
   （A）**public class** Account {　　　　（B）**public class** Account {
   　　　　name;　　　　　　　　　　　　　　String name;
   　　　　amount;　　　　　　　　　　　　 **double** amount;
   　　}　　　　　　　　　　　　　　　　}
   （C）**public class** Account {　　　　（D）**public class** Account {
   　　　　String name=1.0;　　　　　　　 String name="Mike", **double** amount=1000.0;
   　　　　double amount="Mike";　　　　}
   　　}

二、填空题

1. 面向对象的三大特征分别是封装性、_____和_____。
2. _____用于定义类的属性，可被类内所有方法访问。
3. _____描述了对象所具有的功能和操作，是对象的行为。
4. 用类创建对象的同时，对对象赋初值是通过_____进行的。

三、简答题

1. 什么是类？什么是对象？
2. 简述声明类的语法格式。
3. 简述 Java 类成员的访问控制。
4. 包的作用是什么？如何创建包？如何导入包？

四、编程题

1. 定义一个复数类 Complex，复数的实部 Real 与虚部 Image 定义为私有数据成员，定义 getters 和 setters 方法访问已有数据成员，再定义构造方法对实部与虚部进行初始化，定义公有成员函数 Show()显示复数值。

2. 编写一个 Book 类，用于描述个人藏书，包含作者 Author、书名 Title、价格 Price、出版社 Publisher、出版年份 Published Year 共 5 个属性。然后编写一个测试类 BookTest，对 Book 类进行测试，输出正确的属性值。

3. 编写一个 UnitConversion 类，封装一些常用的单位转换算法，其中两个单位转换是英寸和厘米的转换，另一个是摄氏温度和华氏温度的转换（转换公式请自行查找资料）。要求该类像 Math 类一样不可被继承，也不可被实例化。然后编写一个测试类 UnitConversionTest，测试 UnitConversion 类是否能够正常工作。

第6章 继承和多态

📖 【引例描述】

➤ 问题提出

职工工资类（EmployeeSalary 类）应包含职工的基本信息和该职工的工资信息两个部分，如何复用已有的职工类（Employee 类），继承职工类中职工的基本信息，充分做到代码的复用？如何在职工工资类中增加职工的工资信息？如何重写职工类中显示职工信息的方法（showEmployee()）？

➤ 解决方案

上述问题可通过类的继承来解决。本章介绍 Java 面向对象的另两大特性：类的继承性和多态性。继承可以复用一些定义好的类，减少代码的重复编写。多态可以动态处理对象的调用，降低对象之间的依赖关系。接口可以优化继承和多态，建立类与类之间的关联。

通过本章学习，读者可掌握类的继承原理，类的继承的实现方法，包括属性的继承、扩展和隐藏，方法的继承、扩展和重写，this 和 super 关键字的使用。读者还应学会使用抽象类和接口，能综合运用类的继承性实现职工工资类的设计任务和职工信息添加的任务。

 【知识储备】

6.1 类的继承性

6.1.1 继承的概念

继承是面向对象程序设计的一个重要特征。若类 B 继承了类 A，则被继承的类 A 可称为基类、父类或超类，继承类 B 称为派生类或子类。

子类可以继承基类原有的属性和方法，重写基类的已有方法和增加基类没有的方法，提高程序的扩展性和灵活性，复用基类的代码，从而提高编程效率。需要指出的是，Java 语言只支持单继承，即每个子类只有一个基类。

6-1
继承的实现

6.1.2 继承的实现

声明子类使用 extends 关键字，它的含义是扩展基类，即继承基类。类的继承语法格式如下：

```
[类修饰符] class 类名 [extends 基类] [implements 接口列表]{
```

```
        [成员变量声明]
        [构造方法定义]
        [成员方法定义]
    }
```

说明：

① 类修饰符同类的声明，如 public、default（默认）。

② 类名必须符合标识符命名规则。

③ extends 是关键字。

④ 基类可以是自定义的类，也可以是系统类库中的类。如果省略基类，默认的基类是 java.lang.Object 类。

⑤ 子类可以添加新的成员变量和成员方法，可以隐藏基类的成员变量或者覆盖基类的成员方法。

⑥ 类之间的继承具有传递性。

6-2
例6.1讲解

【例 6.1】 继承的应用：Shape、Circle 和 Rectangle 类。

```java
public class Shape {                  // 定义父类 Shape
    protected String color;           // 表示颜色的成员变量 color
    public void printColor(){         // 显示颜色的成员方法 printColor()
        System.out.println("颜色是:"+color);
    }
    public Shape(String color) {
        this.color = color;
    }
    public Shape(){
    }
}

public class Circle extends Shape{   // 定义子类 Circle
    private double radius;
    public Circle() {
        radius = 0;
    }
    public Circle(double radius,String color) {
        this.radius = radius;
        this.color = color;          // 子类拥有基类的成员变量 color
    }
    public double getRadius() {
        return radius;
    }
    public void setRadius(double radius) {
        this.radius = radius;
    }
    public double getPerimeter() {
        return 2 * Math.PI * radius;
    }
    public double getArea() {
        return Math.PI * radius * radius;
    }
    void disp() {
        System.out.println("圆的周长为： " + getPerimeter());
```

```java
        System.out.println("圆的面积为: " + getArea());
        super.printColor();                    // 子类拥有基类的成员方法 printColor()
    }
}
public class Rectangle extends Shape{
    private double length;
    private double width;
    // 省略 getters 和 setters 方法
    public Rectangle(String color, double length, double width) {
                                        // 子类构造方法的定义
        super(color);                   // 调用父类的构造方法
        this.length = length;
        this.width = width;
    }
    public Rectangle() {
    }
    public double getPerimeter() {
        return (length + width) * 2;
    }
    public double getArea() {
        return length * width;
    }
    public void disp(){
        System.out.println("矩形的周长是: "+getPerimeter());
        System.out.println("矩形的面积是: "+getArea());
        super.printColor();
    }
}
public class ExtendsDemo {
    public static void main(String[] args) {
        Circle c = new Circle();
        c.setRadius(10);
        c.color = "red";
        c.disp();

        Rectangle r = new Rectangle("blue",20,10);
        r.disp();
    }
}
```

程序运行结果如图 6-1 所示。

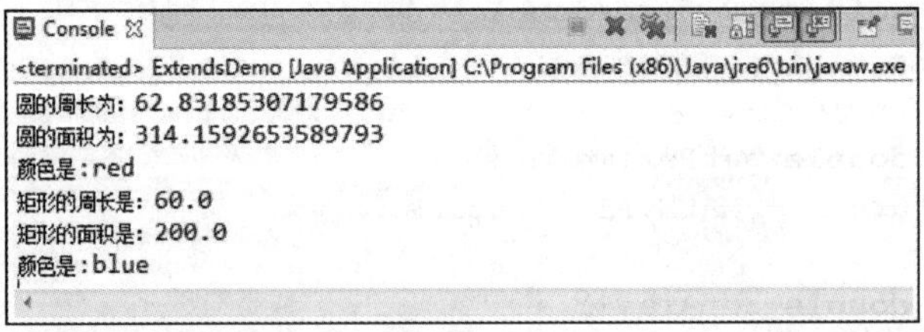

图 6-1 类的继承实例运行结果

从【例 6.1】可以看出，子类可以访问的成员变量和成员方法有：

➤ 子类本身拥有的成员变量和成员方法。

➤ 基类及其祖先的 public 和 protected 成员变量和成员方法。

Circle 类包含的成员变量有 color 和 radius，Rectangle 类包含的成员变量有 color、length 和 width。在子类构造方法中，可以直接对父类中拥有 protected 访问权限的 color 成员变量赋初值：

```java
public Circle(double radius,String color) {
    this.radius = radius;
    this.color = color;            // 子类拥有基类的成员变量 color
}
```

也可以调用父类的 public 访问权限的构造方法对 color 成员变量赋初值：

```java
public Rectangle(String color, double length, double width) {
                                   // 子类构造方法的定义
    super(color);                  // 调用父类的构造方法
    this.length = length;
    this.width = width;
}
```

此外，还需指出的是：

➤ 如果子类与基类在同一个包中，子类还可访问基类的（default）成员变量和成员方法；如果不在同一个包中，则子类不可访问基类的（default）成员变量和成员方法。

➤ 子类不能访问基类拥有 private 访问权限的成员变量和成员方法。

6.2 继承的规则

在 Java 中，子类继承父类后，除构造方法外，可以继承父类的一切成员变量和成员方法，但能否访问还要看访问修饰符的控制范围，如表 5-2 所示。

6.2.1 成员变量的继承

1. 属性的继承和扩展

6-3
成员变量的
继承

根据继承规则，子类可以继承父类的成员变量和成员方法，还可以增加自己的成员变量。如【例 6.1】中，Rectangle 类一共有 3 个成员变量，即继承自父类的成员变量 color 以及扩展的 length 和 width 两个成员变量；Circle 类一共有两个成员变量，即继承自父类的成员变量 color 和扩展的 radius 成员变量。

因此，父类的成员变量实际上是各个子类都拥有的成员变量，子类从父类继承的成员变量不用重复定义，简化程序，降低工作量。

2. 属性隐藏

如果子类声明了与父类同名的成员变量，则在子类中的父类成员变量被隐藏。子类仍然继承父类的成员变量，即子类中仍然有父类的成员变量的存储空间，子类只是将父类成员变量的名字隐藏，使其不可直接被访问。

属性隐藏时，当子类执行继承自父类的方法时，处理的是继承自父类的变量；当子类执行自己定义的方法时，处理的是子类自己定义的变量，此时若仍希望调用父类的属性，需要使用

super 关键字。

【例 6.2】 变量隐藏测试。

6-4
例 6.2 讲解

```java
public class Person {
    String name = "程艳";
    String address = "中南路 8 号";
    public void showDetail() {
        System.out.println("name=" + name + ",address=" + address);
        // 父类访问自己的 address
    }
}
public class Student extends Person {
    String address = "高浪西路 1600";
    String school = "无锡职业技术学院";

    public void showInfo() {
        showDetail(); // 执行父类方法，访问父类的 address
        // 在子类方法中，若要访问父类定义的 address，可通过 super 关键字调用
        System.out.println("new address:" + address + ",old address:"
                + super.address + ",school:" + school);
    }
}
public class StudentTest {
    public static void main(String[] args) {
        Student s = new Student();
        s.showInfo();
    }
}
```

程序运行结果如图 6-2 所示。

```
Problems  @ Javadoc  Declaration  Console ☒
<terminated> StudentTest [Java Application] C:\Users\Administrator\.p2\pool\plugins\org.eclipse.justj.openjdk.hotspot.jre.full.win32.x86_64_14.0.2.v202008
name=程艳,address=中南路8号
new address:高浪西路1600,old address:中南路8号,school:无锡职业技术学院
```

图 6-2　变量隐藏运行结果

6.2.2　成员方法的继承

1. 方法的继承和扩展

子类可以继承父类的方法，还可以增加自己的成员方法。子类对象可以使用从父类继承过来的方法。

6-5
成员方法的继承

2. 成员方法的重写

方法重写（或覆盖）是指子类重新定义从父类继承过来的方法，从而使子类具有自己的行为，满足自己的需要。如果子类定义了与父类同名的成员方法，则在子类中的父类成员方法被覆盖。子类不再继承父类的方法，即子类中不再存在父类的同名方法。

方法重写要注意以下问题。

➤ 子类的方法必须与父类的方法具有相同的名称、参数（包括相同的个数、类型、顺序）以及相同的返回值类型。

➤ 子类方法不能比基类同名方法有更严格的访问权限（访问控制权限按照严格顺序分别是 private、default、protected 和 public）。

➤ 可以部分重写父类方法。在原方法基础上添加新的功能，即在覆盖方法的第 1 条语句位置添加一条语句：super.原父类方法名()。

➤ 不能重写父类的 final 方法。定义 final 方法的目的是防止被重写。

➤ 子类方法不能比基类同名方法产生更多的异常。

一般在以下几种情况使用方法重写。

➤ 子类中实现父类相同的功能，但算法不同。

➤ 在名字相同的方法中，子类的操作要比父类多。

➤ 在子类中取消父类中继承的方法。这种情况下，只须将子类的重写方法方法体设为空。

【例 6.3】　成员方法的重写举例。

```java
public class Add {
    void compute(float x,float y){
        System.out.println("父类:"+x+"+"+y+"="+(x+y));
    }
    void g(int x,int y){
        System.out.println("父类:"+x+"+"+y+"="+(x+y));
    }
}
public class Multiply extends Add{
    void compute(float x,float y){
        System.out.println("子类:"+x+"*"+y+"="+(x*y));
    }
}
public class TestMultiply {
    public static void main(String[] args) {
        Multiply m = new Multiply();
        m.compute(8, 9);
        m.g(12, 8);
    }
}
```

程序运行结果如图 6-3 所示。

```
Console ⊠                    ▣ ✖ ✖ | ▤ ▦ ▣▣ | ▱ ▯ ▾ ▭ ▾ ▭ ▭
<terminated> TestExample6_3 [Java Application] C:\Program Files (x86)\Java\jre6\bin\javav
子类:8.0*9.0=72.0
父类:12+8=20
◀                                                                            ▶
```

图 6-3　方法重写运行结果

在【例 6.3】中，子类 Multiply 重写了父类中的 compute 方法，当子类对象调用 compute 方法时，执行的是子类中的 compute 方法，若要保留父类 computer 方法的结果，可通过 super 关键字调用。在子类 compute 方法中添加 **super**.compute(x, y);语句，运行结果如图 6-4 所示。

```java
public class Multiply extends Add{
    void compute(float x,float y){
        super.compute(x, y);
        System.out.println("子类:"+x+"*"+y+"="+(x*y));
    }
}
```

程序运行结果如图 6-4 所示。

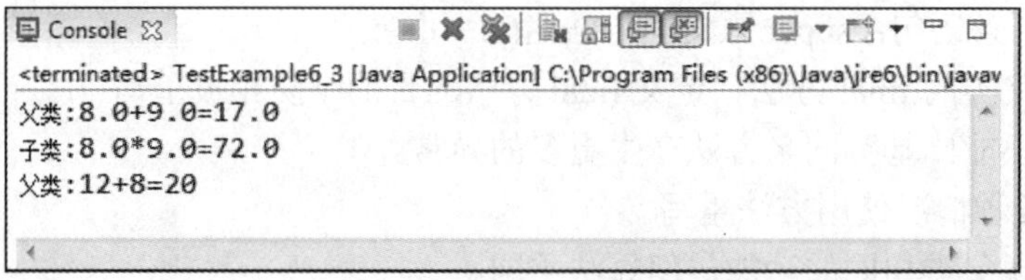

图 6-4　在子类中调用父类覆盖的方法实例运行结果

6.2.3　this 和 super 关键字

1．this 的使用

当成员方法的形参名与数据成员名相同，或者成员方法局部变量名与数据成员名相同时，在方法内借助 this 来表明引用的是类的数据成员，而不是形参或局部变量，从而提高程序的可读性。

this 代表了当前对象的一个引用，可将其理解为对象的另一个名字，通过这个名字可以顺利地访问对象、修改对象的数据成员、调用对象的方法。this 有 3 种使用场合。

1）访问当前对象的数据成员，使用形式如下：

　　this.数据成员

2）访问当前对象的成员方法，使用形式如下：

　　this.成员方法([参数列表]);

3）当有重载的构造方法时，引用同类的其他构造方法，使用形式如下：

　　this([参数列表]);

2．super 的使用

super 表示当前对象直接父类的对象，是当前对象直接父类对象的引用。若子类的成员变量或成员方法与父类的成员变量或成员方法重名，当要调用父类的同名成员变量或成员方法，则可使用 super 关键字来指明父类的成员变量或成员方法。super 有 3 种使用场合。

1）用来访问直接父类中被隐藏的数据成员，使用形式如下：

　　super.数据成员

2）用来调用直接父类中被重写的成员方法，使用形式如下：

　　super.成员方法([参数列表]);

3）用来调用直接父类的构造方法，使用形式如下：

　　super([参数列表]);

6.3　抽象类和最终类

　　在继承结构中，子类越来越具体，父类设计越来越通用，类的设计应保证父类和子类能共享特征，抽象类的作用是提供可由子类共享的一般形式。最终类的作用是不能再被修改，不能被继承。

6.3.1　抽象类和抽象方法

1．抽象类的定义

　　声明抽象类的格式与声明类的格式相同，要用 abstract 修饰符指明它是一个抽象类：

6-7
抽象类和抽象方法

```
[public] abstract class 类名 [extends 基类] [implements 接口列表]{
    [成员变量声明]
    [构造方法定义]
    [成员方法定义]
}
```

说明：

① public[可选]：抽象类默认不是 public 的，通常声明为 public 的。

② 抽象类必须要有 abstract 修饰符。

③ 抽象类不能被实例化。

【例 6.1】中的 Shape 类可定义为抽象类：

```
public abstract class Shape {            // 定义抽象父类 Shape

}
```

2．抽象方法

定义抽象方法的语法格式与普通方法的有些不同：

```
[public] abstract 返回类型 方法名 ([参数列表]) [throws 异常列表];
```

说明：

① public[可选]：抽象方法默认不是 public 的，通常声明为 public 的。

② 抽象方法必须要有 abstract 修饰符。

③ 抽象方法不能有方法体，直接用分号 ";" 结束。

④ 含有抽象方法的类必须是抽象类，不能被实例化。

⑤ 抽象方法必须在子类中实现。

　　在声明抽象类时，将规范其子类所应该有的行为，例如【例 6.1】中 Shape 类的子类都有计算面积的方法，矩形的面积是 "长×宽"，圆的面积是 "$\pi \times R^2$"，但在【例 6.1】中没有强制规定这个方法的名称和参数类型。因此子类 Rectangle 可能定义计算面积的方法是 getArea()，返回单精度值，而另一个子类 Circle 可能把这个方法命名为 area()，返回双精度值。在抽象类中定义抽象方法可以规范子类的行为，统一将计算面积的方法命名为 getArea()，没有参数，返回双精度的值：double getArea()。这个方法在 Shape 抽象类中定义的时候，不可能知道如何去计算，

是 "长×宽",还是 "$\pi \times R^2$"?因此这个方法被定义成抽象的:

```
public abstract double getArea();
```

它不需要方法体,也不允许定义方法体,因此直接用分号 ";" 结束。它必须在子类中被实现,矩形的实现是 "长×宽",圆的实现是 "$\pi \times R^2$"。

【例 6.4】 设计 Shape 抽象类并添加 getArea()抽象方法。子类 Circle 和 Rectangle 类的设计与【例 6.1】相同。

6-8
例 6.4 讲解

```java
public abstract class Shape {
    protected String color;
    public void printColor(){
        System.out.println("颜色是:"+color);
    }
    public Shape(String color) {
        this.color = color;
    }
    public Shape(){
    }
    public abstract double getArea();
}
```

抽象类 Shape 的子类必须定义 getArea()方法,只有子类才知道如何计算面积。抽象类是不能被实例化的,实例化的是它的子类,并且可以断定,只要是 Shape 类的子类,必定有一个名为 getArea()的无参数、返回值类型为 double 的方法,从而统一规范了子类的行为。

【例 6.5】 抽象类举例。

6-9
例 6.5 讲解

```java
public abstract class Animal {
    String str;
    public Animal(String str) {
        this.str = str;
    }
    abstract void eat();        // 抽象方法
}
public class Horse extends Animal {
    public Horse(String str) {
        super(str);
    }
    void eat() {
        System.out.println("马吃草料! ");
    }
}
public class Dog extends Animal {
    public Dog(String str) {
        super(str);
    }
    void eat() {
        System.out.println("狗吃骨头! ");
    }
}
public class TestAbstract {
    public static void main(String[] args) {
```

```
        Horse h = new Horse("马");
        Dog d = new Dog("狗");
        h.eat();
        d.eat();
    }
}
```

程序运行结果如图 6-5 所示。

图 6-5　抽象类实例运行结果

6.3.2　最终类和最终方法

最终类是指不能被继承的类，即不能再用最终类派生子类。在 Java 中，如果不希望某个类被继承，可以声明这个类为最终类。最终类用关键字 final 来说明。Java 规定，最终类中的方法都自动成为 final 方法，不能被修改。例如：

```
public final class FinalClass{
    // …
}
```

如果创建最终类不必要，而又想保护类中的一些方法不被重写，可以用 final 关键字来定义最终方法。例如：

```
public final void fun(){}
```

注意一个类不能既是最终类又是抽象类。因为抽象类中包含的抽象方法在子类中被实现，而最终类不能被继承。

6.4　类对象之间的类型转换

类对象之间的类型转换是指父类对象与子类对象之间在一定条件下的相互转换。转换规则如下。

6-10
对象的转换
规则

1）子类对象可以隐式或显式地转换为父类对象。

➢ 父类对象获得子类对象，不能操作子类新增的成员变量，不能使用子类新增的成员方法。

➢ 父类对象获得子类对象，可以操作子类继承或重写的成员变量和成员方法。

➢ 如果子类重写了父类的某个方法，父类对象获得子类对象后会调用这个重写的方法。

2）处于相同类层次的类的对象不能进行转换。

3）父类对象在一定的条件下可以转换成子类对象，但必须使用强制类型转换。

➢ 子类对象可以操作父类及子类的成员变量和成员方法。

➤ 子类对象访问父类重写方法时，访问的是子类中的方法。

➤ 子类对象接收父类对象，必须进行强制类型转换且必须保证父类对象引用的是该子类的对象，如果引用父类或其他子类的对象，会抛出类型不匹配异常。

【例 6.6】　类对象之间类型转换的使用。

```java
public class Person1 {
    String name;
    public void talk() {
        System.out.println("a person is talking...");
    }
    public void listen() {
        System.out.println("a person is listening...");
    }
}
public class Student1 extends Person1 {
    String no;
    public void talk() {
        System.out.println("student is talking...");
    }
    public void learn() {
        System.out.println("student is learning...");
    }
}
public class Teacher1 extends Person1 {
    String workNo;
    public void talk() {
        System.out.println("teacher is talking...");
    }
    public void teach() {
        System.out.println("teacher is teaching...");
    }
}
public class TestDemo {
    public static void main(String[] args) {
        // 1. 父类=子类；
        Person1 p = new Student1(); // 父类 Person 对象 p 可以直接引用子类的对象
        p.talk();                   // 调用子类的重写方法
        p.listen();                 // 只能访问从父类继承或重写的方法

        System.out.println("--------------------");

        // 2. 子类=父类；
        Person1 p1 = new Student1();    // 父类对象是子类的一个实例
        Student1 s1 = (Student1)p1;     // 必须执行强制类型转换
        s1.talk();                      // 访问子类重写方法
        s1.learn();                     // 访问子类方法
        s1.listen();                    // 访问父类方法

        // Person1 p1 = new Person1();  // 父类对象是父类的一个实例
        // Student1 s1 = (Student1)p1;  // 抛出类型不匹配异常
```

6-11
例 6.6 讲解

```
System.out.println("--------------------");

// 3. 使用 instanceof 运算符判断引用变量属于哪个类
if (p1 instanceof Teacher1){
    System.out.println("She is a teacher!");
    ((Teacher1)p1).teach();
}
if (p1 instanceof Student1){
    System.out.println("He is a student!");
    ((Student1)p1).learn();;
}
    }
}
```

程序运行结果如图 6-6 所示。

【例 6.6】中，为了确保父类对象引用的是子类的
对象，引入 instanceof 运算符，该运算符的作用是判
断该引用变量是否属于该类或该类的子类。instanceof
运算符的格式为：

图 6-6　类对象之间类型转换实例运行结果

> 引用变量 instanceof 类名

如果该引用变量引用的是这个类的对象，或这个类的子类的对象，则运算符结果为 true，
否则为 false。

6.5　接口

Java 语言只支持单继承机制，不支持多继承。但若遇到复杂问题，单继承会给程序设计带
来很多问题。Java 语言使用接口解决这个问题。Java 语言规定一个子类只能继承一个父类，能
实现多个接口。通过接口可以指明多个类需要实现的一组方法。接口可以比抽象类更好地规范
子类的行为，实现多态性但接口不能实现代码复用。

6.5.1　接口的声明

6-12
接口的声明

声明接口时，需要使用 interface 关键字，其语法格式如下：

```
<public> <abstract> interface 接口名称 [extends 父接口列表]{
        <public> <static> <final> 变量名＝初值;          // 静态常量
        <public> <abstract> 返回值 方法名([参数表]) throws [异常列表];// 抽象方法
    }
```

说明：

① 默认修饰符：其中用尖括号括起来的修饰符是默认的修饰符，通常省略不写。

② 接口名称：接口的名字，有时还会在接口名字后加 able 或 ible 作为结尾，或者在名字
前加一个字母 "I"。

③ 多继承：可以使用 extends 来继承父接口，但它与类中的 extends 不同，它可以有多个
父接口，各父接口间用逗号 "," 隔开。

④ 常量：接口可以有静态的公开常量，即用 public static final 加以修饰。接口不能有成员变量，否则会因为多继承造成同名变量的问题。

⑤ 方法：接口中的所有方法都是抽象的和公开的，即用 public abstract 修饰。

与抽象类一样，接口不能被实例化。

6.5.2 接口的实现

一旦定义了接口，会有一个或更多的类来实现这个接口。由于接口中只有静态常量和抽象方法，故实现接口的类必须定义接口中的抽象方法。接口实现的语法格式为：

```
Class 类名 implements 接口名称{        // 接口的实现
    // 类体
}
```

【例 6.7】 求给定圆的面积。

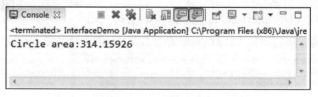

```java
public interface Shape2D {
    double PI = 3.1415926;   // 定义静态常量 PI
    double area();           // 定义求面积的抽象方法
}
public class Circle1 implements Shape2D {
    double radius;
    public void setRadius(double radius) {
        this.radius = radius;
    }
    public double area() {
        return PI*radius*radius;
    }
}
public class InterfaceDemo {
    public static void main(String[] args) {
        Circle1 c = new Circle1();
        c.setRadius(10);
        System.out.println("Circle area:"+c.area());
    }
}
```

程序运行结果如图 6-7 所示。

```
Console ✕    ▣ ✖ ⚒ | ▣ 🔡 🔢 | ☐ ☐ ▾ ☐ ▾ ☐
<terminated> InterfaceDemo [Java Application] C:\Program Files (x86)\Java\jre
Circle area:314.15926
```

图 6-7　接口实例运行结果

在实现一个接口时，如果接口中的某个抽象方法在类中没有实现，则该类是一个抽象类，不能生成对象。

6.5.3 接口的继承

接口可以通过关键字 extends 继承其他接口。子接口将继承父接口中所有的常量和抽象方法。子接口的实现类不仅要实现子接口的抽象方法，还要实现父接口的所有抽象方法。

【例 6.8】 接口的继承。

```java
public interface Shape3D extends Shape2D {
    double volume();
}
public class Circle2 implements Shape3D {
    double radius;
    public Circle2(double radius) {
        this.radius = radius;
    }
    public double volume() {
        return 4*PI*radius*radius*radius/3;
    }
    public double area() {
        return PI*radius*radius;
    }
}
public class InterfaceDemo2 {
    public static void main(String[] args) {
        Circle2 c = new Circle2(10);
        System.out.println("circle area:"+c.area());
        System.out.println("circle volume:"+c.volume());
    }
}
```

程序运行结果如图 6-8 所示。

图 6-8　接口继承实例运行结果

【例 6.9】 实现多个接口。

```java
public interface Color {
    void setColor(String str);
}
public class Circle3 implements Shape2D, Color {
    String col;
    double radius;
    public Circle3(double radius) {
        this.radius = radius;
    }
    public void setColor(String str) {
        this.col = str;
    }
    public String getColor(){
        return col;
    }
}
```

```java
        public double area() {
            return PI*radius*radius;
        }
    }
public class InterfaceDemo3 {
    public static void main(String[] args) {
        Circle3 c = new Circle3(10);
        c.setColor("red");
        System.out.println("circle area:"+c.area());
        System.out.println("circle color:"+c.getColor());
    }
}
```

程序运行结果如图 6-9 所示。

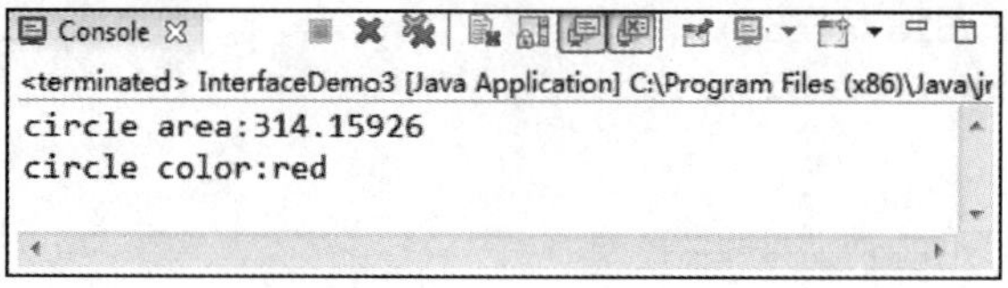

图 6-9 实现多个接口实例运行结果

6.5.4 接口的特点

1. 接口的特点

接口中的属性全部为公共静态常量，方法全部是公共抽象方法。所以接口不能用 new 关键字来创建实例，即不能被实例化。接口必须被类实现：

➢ 实现全部抽象方法，实现类成为普通的类。

➢ 不实现全部抽象方法，实现类成为抽象类。

➢ 接口是多继承的，同时类可以实现多个接口。

2. 接口与抽象类的比较

接口与抽象类的区别见表 6-1。

表 6-1 接口与抽象类的区别

	抽象类	接口
abstract 修饰符	不能省略 abstract 修饰符	省略 abstract 修饰符
子类和实现类	抽象类的子类继承（extends）抽象类，单继承	接口的实现类实现（implements）接口，多实现
继承	单继承	多继承
变量和方法	除抽象方法外，有成员变量，也可以有普通方法	只能有抽象方法和静态常量
复用	实现代码的复用	不能实现代码的复用

6.6 类的多态

多态性是面向对象程序设计的一个重要特征。方法的多态，是指属性或方法在子类中表现为多种形态，若以父类定义对象，动态绑定子类对象，则父类对象的方法将随绑定对象的不同而不同。

利用多态性，可以使程序具有良好的扩展性。Java 中实现多态可以通过方法重载实现编译时多态（静态多态），也可以通过对父类成员方法的重写实现运行时多态（动态多态）。

1. 编译时多态

一个方法名，根据不同的对象可以完成不同的功能，这种特性称为重载性。例如，相同的方法名 abs 可以分别求整数、实数、双精度实数的绝对值。所谓编译时多态是指用重名方法实现不同的功能。当然，这种同名方法的定义必须符合方法重载的规定：方法名相同，但参数个数不同或参数的类型不同或参数的顺序不同。

方法重载应注意：返回类型不同并不足以构成方法重载，重载可以有不同的返回类型；如果同名的方法分别位于基类和子类中，只要符合上述规定之一，也将构成重载；同一个类的多个构造方法必然构成重载；不同的参数顺序是指参数类型的顺序不同，而不是参数名的顺序不同。

重载是一种静态的多态，因为当重载方法被调用时，编译器根据参数的数量和类型来确定实际调用重载方法的哪个版本。

【例 6.10】　重载求和的方法，分别求两个整数、两个实数和两个双精度实数的和。

6-16
例 6.10 讲解

```java
public class OverloadingDemo {
    int add(int x,int y){
        return x+y;
    }
    float add(float x,float y){
        return x+y;
    }
    double add(double x,double y){
        return x+y;
    }
}
public class OverloadingTest {
    public static void main(String[] args) {
        OverloadingDemo ol = new OverloadingDemo();
        System.out.println("add(5, 5)="+ol.add(5, 5));
        System.out.println("add(7.5F, 8.6F)="+ol.add(7.5F, 8.6F));
        System.out.println("add(3.5D, 9.3D)="+ol.add(3.5D, 9.3D));
    }
}
```

程序运行结果如图 6-10 所示。

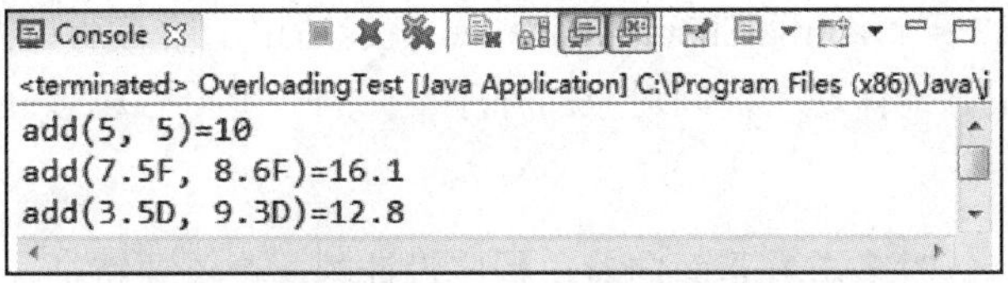

```
Console ☒
<terminated> OverloadingTest [Java Application] C:\Program Files (x86)\Java\j
add(5, 5)=10
add(7.5F, 8.6F)=16.1
add(3.5D, 9.3D)=12.8
```

图 6-10　编译时多态实例运行结果

2．运行时多态

方法覆盖是 Java 实现多态性机制的另一种方式。在 Java 中，为了实现多态，允许父类类型的变量引用子类类型的对象，JVM 根据当前被引用对象的类型来动态地决定执行覆盖方法的哪个版本。

【例 6.11】 运行时多态举例。

6-17
例 6.11 讲解

```java
public interface Animal1 {
    void shout();
}
public class Cat implements Animal1 {
    public void shout() {
        System.out.println("喵喵。。。");
    }
}
public class Bird implements Animal1 {
    public void shout() {
        System.out.println("喳喳。。。");
    }
}
public class AnimalTest {
    public static void main(String[] args) {
        Animal1 an1 = new Cat();    // Animal 对象引用 Cat 对象
        Animal1 an2 = new Bird();   // Animal 对象引用 Bird 对象

        animalShout(an1);           // 调用 animalShout()方法，将 an1 作为参数传入
        animalShout(an2);           // 调用 animalShout()方法，将 an2 作为参数传入
    }
    // 定义静态的 animalShout()方法，接收一个 Animal 类型的参数
    public static void animalShout(Animal1 an){
        an.shout();                 // 调用实际参数的 shout()方法
    }
}
```

程序运行结果如图 6-11 所示。

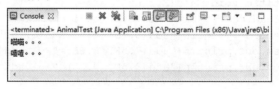

图 6-11 运行时多态实例运行结果

animalShout()的参数是 Animal 类型的，避免了设计两个重载的方法 animalShout(Cat cat)和 animalShout(Brid bird)。一个 animalShout(Animal an)就能适用于所有动物类。

这个简单的例子很好地体现了面向对象的程序设计的一个核心思想：面向接口编程。

3．多态的优点

多态性（尤其是运行时多态）是面向对象程序设计的一个重要特征，多态具有下述优点。

➢ 可替换性：多态对已存在的代码具有可替换性。例如，animalShout()对 Cat 类有效，对 Bird 类同样有效。

➢ 可扩充性：多态对代码具有可扩充性。增加新的子类不影响已存在类的多态性、继承

性，以及其他特性的运行和操作。实际上，增加子类更容易获得多态功能。例如，根据 Animal 的接口要求实现 Dog 类，Dog 类很容易就能融入系统中。

➤ 接口性：多态是接口通过方法签名向子类提供一个共同接口，由子类来覆盖抽象方法而实现的。

 【任务实现】

工作任务 7　职工工资类设计

1. 任务描述

在工作任务 6 的基础上，设计 Employee 类的子类 EmployeeSalary，继承职工类定义的职工属性，如职工编号、职工姓名、职工所在部门及职工的身份证号、性别和联系方式等，添加基本工资、津贴和奖金 3 个新的属性，并扩展父类 show 方法，既显示职工信息，又显示工资信息。

6-18
工作任务 7

2. 相关知识

本任务的实现，需要掌握子类的定义与实现方法，掌握继承的规则和 super 关键字的使用方法以及能够使用类的继承解决实际问题。

3. 任务设计

类设计：

1）定义 Employee 类的子类 EmployeeSalary。

2）添加基本工资、津贴和奖金 3 个新的成员变量。

3）编写访问私有成员变量的 getters 和 setters 方法。

4）编写子类的有参和无参的构造方法。

5）扩展父类显示职工信息的方法。

主程序：

1）定义子类对象并通过构造方法赋初值。

2）调用 show 方法，显示职工工资信息。

4. 任务实施

程序代码如下：

```java
package task7;
import task6.Employee;
public class EmployeeSalary extends Employee {
    private float basicwages;
    private float allowance;
    private float bonus;
    public float getBasicwages() {
        return basicwages;
    }
```

```java
    public void setBasicwages(float basicwages) {
        this.basicwages = basicwages;
    }
    public float getAllowance() {
        return allowance;
    }
    public void setAllowance(float allowance) {
        this.allowance = allowance;
    }
    public float getBonus() {
        return bonus;
    }
    public void setBonus(float bonus) {
        this.bonus = bonus;
    }
    public EmployeeSalary(String id, String name, String department,
            String cardID, char sex, String phone, String email,
            float basicwages, float allowance, float bonus) {
        super(id, name, department, cardID, sex, phone, email);
        this.basicwages = basicwages;
        this.allowance = allowance;
        this.bonus = bonus;
    }
    public EmployeeSalary() {
        super();
    }
    public void showEmployee() {
        super.showEmployee();
        System.out.println("基本工资: " + basicwages + ",津贴: " + allowance +
",奖金: "+ bonus);
    }
}
package task7;
public class TestEmploySalary {
    public static void main(String[] args) {
        EmployeeSalary e = new EmployeeSalary("1001", "程艳", "软件技术系",
                "320211****03240025", '女', "8183****", "****@wxit.edu.cn",
                4500, 2500, 1000);
        e.showEmployee();
    }
}
```

5. 运行结果

程序运行结果如图 6-12 所示。

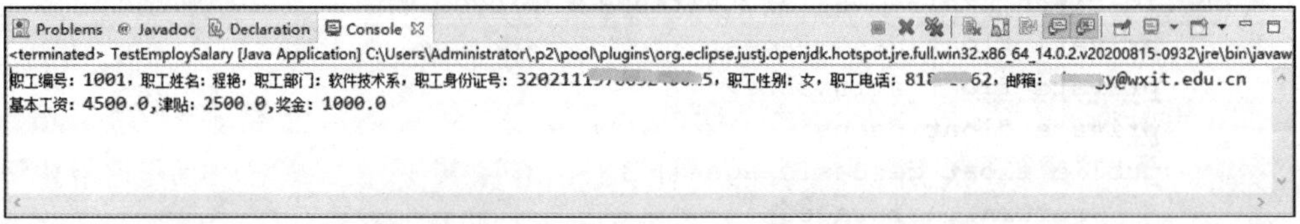

图 6-12　工作任务 7 运行结果示意图

6. 任务小结

本任务实现了职工工资类的设计，继承了职工类，添加基本工资、津贴和奖金 3 个新的属性，并扩展父类 show 方法，既显示职工信息，又显示工资信息。

工作任务 8　添加职工信息程序设计

1. 任务描述

在工作任务 6 的基础上，添加职工信息到系统中。首先提示输入职工信息，接着根据职工编号查询该职工是否在数组中，如果职工信息已经存在，则提示"该职工已存在信息"，如果职工信息不存在，则添加职工信息到数组中。

2. 相关知识

本任务的实现，需要掌握接口的定义与类实现接口的方法，掌握数组的使用方法，能够使用类的接口解决实际问题。

3. 任务设计

接口和类设计：

1）设计职工信息管理接口，编写判断职工是否存在和添加职工信息两个抽象方法。

2）设计职工信息管理类，实现职工信息管理接口，并实现其中的抽象方法；同时定义职工数组，用于存放职工信息。

主程序：

1）定义键盘接收职工信息的方法。

2）编写主程序，实现职工信息的添加功能。

4. 项目实施

程序代码如下：

```
package task8;
import task6.Employee;
public interface EmployeeDao {
    // 判断职工信息是否存在
    public boolean isExisting(Employee e);
    // 添加职工信息
    public void insertEmployee(Employee e);
}
package task8;
import task6.Employee;
public class EmployeeDaoImpl implements EmployeeDao {
    // 创建数组，保存职工信息
    private Employee[] ems = new Employee[1];
    // 初始化职工数组，ems[0]不存放职工信息
    public EmployeeDaoImpl() {
        // 初始化对象数组
        for (int i=0;i<ems.length;i++){
```

```java
                    ems[i] = new Employee();
                    ems[i].setId("0");
                }
            }
            // 判断职工信息是否存在
            public boolean isExisting(Employee e) {
                boolean flag = false;
                for (int i=0;i<ems.length;i++){
                    if (ems[i].getId().equals(e.getId())){
                        flag = true;
                        break;
                    }
                }
                return flag;
            }
            // 添加职工信息
            public void insertEmployee(Employee e) {
                int length = ems.length;
                if (e instanceof Employee){
                    Employee[] em = ems;
                    ems = new Employee[length+1];
                    // 将原来的数组值迁移
                    for (int i=0;i<em.length;i++){
                        ems[i] = em[i];
                    }
                    ems[length] = e;
                }else{
                    System.out.println("职工信息对象出错！");
                }
            }
        }
package task8;
import java.util.Scanner;
import task6.Employee;
public class TestAddEmployee {
    // 输入职工信息
    public Employee inputEmployeeInfo(){
        Employee e = new Employee();
        // 通过 Scanner 对象获得职工信息
        Scanner sc = new Scanner(System.in);
        System.out.println("请输入职工编号：");
        String id = sc.next();
        System.out.println("请输入职工姓名：");
        String name = sc.next();
        System.out.println("请输入职工所在部门：");
        String department = sc.next();
        System.out.println("请输入职工性别：");
        char sex = sc.next().charAt(0);
        System.out.println("请输入职工电话：");
        String phone = sc.next();
        System.out.println("请输入职工身份证号：");
```

```
            String cardID = sc.next();
            System.out.println("请输入职工邮箱：");
            String email = sc.next();
            // 通过 setXXX 方法为对象赋值
            e.setId(id);
            e.setName(name);
            e.setDepartment(department);
            e.setCardID(cardID);
            e.setSex(sex);
            e.setPhone(phone);
            e.setCardID(cardID);
            e.setEmail(email);
            return e;
        }

    public static void main(String[] args) {
        TestAddEmployee et = new TestAddEmployee();
        System.out.println("添加职工信息！");
        // 创建职工对象，并接收职工信息
        Employee e = et.inputEmployeeInfo();
        // 创建职工信息管理业务类对象
        EmployeeDaoImpl eDaoImpl = new EmployeeDaoImpl();
        // 判断职工信息是否存在
        boolean isExist = eDaoImpl.isExisting(e);
        if (isExist){
            System.out.println("您的输入有误，该职工已存在！");
        }else{
            eDaoImpl.insertEmployee(e);
            System.out.println("添加职工信息成功！");
        }
    }
}
```

5. 运行结果

程序运行结果如图 6-13 所示。

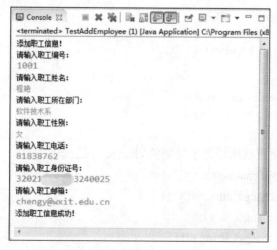

图 6-13 工作任务 8 运行结果示意图

6. 任务小结

本任务实现了添加职工信息功能，设计职工信息管理接口，编写判断职工是否存在和添加职工信息两个抽象方法。设计职工信息管理类，实现职工信息管理接口，并实现其中的抽象方法。

【本章小结】

本章主要介绍类的继承、多态的概念以及类的继承、多态的程序设计方法，重点介绍继承的实现、继承的规则、抽象类、接口、类的多态的程序设计方法。

【习题 6】

一、选择题

1. 在子类中调用父类中被覆盖的方法时需要使用（　　）关键字。

　　（A）this　　　　（B）super　　　　（C）new　　　　　　　　（D）以上都不是

2. 现有：

```
public class Pet{}
public class Cat extends Pet{}
```

执行代码

```
Cat c = new Cat();
Pet p = (Pet)c;
```

后下列说法正确的是（　　）。

　　（A）Pet p=(Pet)c 运行错误　　　　（B）Pet p=(Pet)c 编译错误

　　（C）Pet p=(Pet)c 正常执行　　　　（D）以上都不对

3. 现有：

```
public class Parent {
    public void change(int x) {
    }
}
class Child extends Parent {
    // 覆盖父类 change 方法
}
```

下列（　　）声明是正确地覆盖了父类的 change 方法。

　　（A）protected void change(int x)()

　　（B）public void change(int x, int y){}

　　（C）public void change(int x){}

　　（D）public void change(String s){}

4. 表达式"hello" instanceof String 的返回值是（   ）。

（A）true   （B）false   （C）1   （D）0

5. 现有：

```
class ClassA {}
class ClassB extends ClassA {}
class ClassC extends ClassA {}
```

以及

```
ClassA p0 = new ClassA();
ClassB p1 = new ClassB();
ClassC p2 = new ClassC();
ClassA p3 = new ClassB();
ClassA p4 = new ClassC();
```

下列正确的是（   ）。（选三项）

（A）p0 = p1;   （B）p1 = p2;   （C）p2 = p4;

（D）p2 = (ClassC) p1;   （E）p1 = (ClassB) p3;   （F）p2 = (ClassC) p4;

二、填空题

1. 多态性可以使程序具有良好的扩展性。Java 中实现多态可以通过方法重载实现 _____，也可以通过对父类成员方法的重写实现_____。

2. 多态性是面向对象程序设计的一个重要特征，多态具有下述优点：可替换性、_____和_____。

3. _____是指不能被继承的类，即不能再用最终类派生子类。

三、简答题

1. 简述继承的声明格式。

2. 简述类的继承规则。

3. 分别解释关键字 super 与 this 的用法。

4. 简述抽象类的声明格式。

5. 简述类对象之间的类型转换规则。

6. 简述抽象类和接口的区别。

四、编程题

1. 假设银行 Bank 已经有按整年计算利息的一般方法，其中 year 只能取整数，比如按整年计算方法为：year*0.35*savedMoney。

建设银行 ConstructionBank 和大连银行 BankOfDalian 是 Bank 的子类，隐藏继承的成员变量 year，并重写计算利息的方法，即声明一个 double 型的变量 year。比如，当 year 取值为 5.216 时，表示计算 5 年 216 天的利息。建设银行或大连银行把 5.216 的整数部分赋给隐藏的 year，并用 super 调用 Bank 的计算利息的方法，求出 5 年的利息，再按自己的方法计算 216 天的利息。建设银行计算日利息的方法：day*0.0001*savedMoney，大连银行计算日利息的方法：day*0.00012*savedMoney。

测试类，求 8000 元存 5 年 236 天两银行的利息差额。

Bank 类属性：savedMoney、year、interest、interestRate=0.35

Bank 类方法：computerInterest

2.（1）定义动物类 Animal，在类中定义下列属性和方法。

➢ 私有属性 sex，表示性别，数据类型为 boolean。

➢ 私有属性 age，表示年龄，数据类型为 int。

➢ 属性的 getters 和 setters 方法。

➢ 在类的构造方法中设置性别初始值为 false。

➢ 公有方法 Introduce()，用于介绍动物。

① 若字段 sex 属性的值为 true，则方法返回一个字符串"This is a male Animal!"。

② 若字段 sex 属性的值为 false，则方法返回一个字符串"This is a female Animal!"。

（2）由基类 Animal 创建派生类 Dog，在派生类中实现方法重写。

➢ 创建公有类 Dog，它是从基类 Animal 中派生出的。

➢ 在类 Dog 的构造方法中，设置属性 sex 的初始值为 true。

➢ 在类 Dog 中重写基类 Animal 的方法 Introduce。

① 若属性 Sex 的值为 true，则方法返回一个字符串"This is a male Dog!"。

② 若属性 Sex 的值为 false，则方法返回一个字符串"This is a female Dog!"。

（3）定义测试类 AnimalTest，在程序主方法中实例化类的对象，调用方法输出介绍动物的字符串。

➢ 实例化 Animal 的一个对象 ani，调用类的方法 Introduce()，并输出方法返回的字符串。

➢ 实例化 Dog 的一个对象 dog，调用类的方法 Introduce()，并输出方法返回的字符串。

3．要求设计 abstract 类，类名为 Employee，类内有抽象方法 earning()，功能是计算工资。Employee 的子类有 YearWorker、MonthWorker、WeekWorker。YearWorker 对象按年领取薪水，每年年薪 6 万元，MonthWorker 按月领取薪水，每月 3000 元，WeekWorker 按周领取薪水，每周 500 元。有一个 Company 类，该类有两个属性，一个是用 Employee 数组作为属性，存放所有的员工，另一个是 salaries 属性，存放该公司每年该支付的总薪水，paySalaries 方法能计算一年需支付的薪水总额。测试类定义 29 名员工，员工编号为 0～28，其中员工编号能被 3 整除的员工为 WeekWorker，员工编号除 3 余数为 1 的是 MonthWorker，员工编号除 3 余数为 2 的是 YearWorker，测试类输出该公司支付总金额。

4．（1）编写 DogState 接口，接口中有 showState 方法。

（2）编写若干个实现 DogState 接口的类，负责刻画小狗的各种状态。meetEnemyState（狂叫）、meetFriendState（晃动尾巴）、meetAnotherDog（嬉戏）、SoftlyState（听主人命令）。

（3）编写 Dog 类，有 DogState 定义的属性 state，有 show 方法，在该方法中回调 showState 方法。

（4）编写测试类，测试小狗的各种状态。

第7章　常用实用类

📖 【引例描述】

➤ 问题提出

在前面的任务中，选用数组解决多职工工资处理问题，在创建数组时，必须指定数组的长度，且长度是固定的。但在处理实际职工工资问题时，若不能确定处理职工的人数，该如何解决这个问题呢？

➤ 解决方案

Java API 中的集合容器可以解决上述问题。本章介绍 Java API 的常用类库，学习 java.lang 包中的常用类，字符串相关的类（String 类和 StringBuffer 类）、java.util 包中与集合容器（List、Set、Map）有关的常用类。

通过本章学习，读者可掌握 Java API 中工具类、字符串类、集合容器的概念及使用，以及使用集合类设计修改、删除和查找职工工资信息共 4 个工作任务。

 【知识储备】

7.1 常用工具类

7.1.1 String 类

在 Java 程序中经常会用到字符串，所谓字符串就是指一连串的字符，它是由许多单个字符连接而成的，如多个英文字母所组成的一个英语单词。字符串可以包含任意字符，这些字符必须包含在一对双引号""之内，例如"abc"。在 Java 中定义了 String 和 StringBuffer 两个类来封装字符串，并提供了一系列操作字符串的方法，它们都位于 java.lang 包中，因此不需要导入包就可以直接使用。另外，JDK5 之后的版本还支持 StringBuilder 类，它比 StringBuffer 类具有更高的性能。由于它与 StringBuffer 类具有相同的接口，使用方式非常类似，因此下文中并不详细描述。接下来将针对 String 类和 StringBuffer 类进行详细讲解。

1. String 类的初始化

Java 语言的所有字符串常量（如"abc"）都是采用 String 类的实例来实现的，String 类实例的值是不可变的。在 Java 中，使用两种方式对 String 类进行初始化。

1）使用字符串常量直接初始化一个 String 对象，代码格式如下：

```
String str1="abc" ;
```

2）使用 String 类的构造方法初始化字符串对象。常用的 String 类的构造方法如表 7-1 所示。

表 7-1　String 类的构造方法

方法声明	功能描述
String()	创建一个 String 实例，并初始化为空串
String(String value)	创建一个 String 实例，并初始化为字符串 value
String(char[] value)	创建一个 String 实例，并初始化为字符数组 value 转换成的字符串

2．String 类的基本操作

String 类在实际开发中的应用非常广泛，因此灵活地使用 String 类是非常重要的。下面简单介绍 String 类的常用方法，如表 7-2 所示。

表 7-2　String 类的常用方法

方法声明	功能描述
public int indexOf(String str)	返回指定子字符串在此字符串中第一次出现处的索引
public int indexOf(char ch)	返回指定字符在此字符串中第一次出现处的索引
public int lastindexOf(String str)	返回指定子字符串在此字符串中最后一次出现处的索引
public int lastindexOf(char ch)	返回指定字符在此字符串中最后一次出现处的索引
public int length()	返回字符串的长度
public char charAt(int index)	返回字符串中 index 位置上的字符值，0≤index≤length-1
public boolean endsWith(String suffix)	判断此字符串是否以指定的后缀结束
public boolean equals(Object anObject)	将此字符串的值与指定对象的值比较
public boolean equalsIgnoreCase(String str)	将此 String 的值与另一个 String 的值比较，不考虑大小写
public boolean startsWith(String prefix)	测试此字符串是否以指定的前缀开始
public boolean regionMatches(int toffset, String other, int ooffset, int len)	测试两个字符串区域是否相等
public boolean contains(CharSequence s)	当且仅当此字符串包含指定的 char 值序列时，返回 true
public int compareTo(String str)	按字典顺序比较两个字符串
public int compareToIgnoreCase(String str)	按字典顺序比较两个字符串，不考虑大小写

表 7-2 列出了 String 类的常用方法，下面通过例子来阐述几个最常用方法的使用。

（1）字符串的长度

String 类的 length()方法用于返回字符串的长度，例如：

```
String str = "你好, Java!";
int len = str.length();        // 长度为 8 (其中 3 个中文字及符号, 5 个英文字母及符号)
System.out.println("字符串的长度为: " + len );
```

其中 Java 中的中文字与英文字母一样，都是 16 位的，因此两者在长度上并没有差别。

（2）字符串的比较

String 类提供了多种字符串比较的方法：比较两个字符串是否相等，比较两个字符串的大小，比较字符串的头或尾，比较两个字符串的部分区域，是否包含某子字符串等。

1）比较字符串是否相等。

String 类的 equals()和 equalsIgnoreCase()方法用于比较字符串是否相等，返回 true 或 false，分别表示两个字符串的值相等或不相等。其中前者是大小写敏感的，后者是大小写不敏感的。例如：

```
String str = "Java";
boolean b1 = str.equals("java");                //false, 大小写敏感
boolean b2 = str.equalsIgnoreCase("java");      //true, 大小写不敏感
boolean b3 = "java".equals("java");             //true, 字符串常量也是对象
```

String 类的 equals()方法覆盖了基类（Object）的同名方法，因此可以用它来比较字符串的值。比较两个字符串是否相等时应该特别注意两点。

➢ 只能用 equals()方法，而不能用 "=="来比较两个字符串的值。

➢ 使用 str.equals("Java")时，如果字符串变量 str 为空（null），将会出现运行时异常。在比较前应该确认 str 不为空。

2）比较字符串的大小。

String 类的 compareTo()方法和 compareToIgnoreCase()方法用于比较字符串的大小，它返回一个 int 型整数，表示两个字符串在某个字符处的 Unicode 码的差值。由于字符串的大小是基于字符的 Unicode 码值，因此返回的整数值是首个不同字符的 Unicode 码值之差，因而可以通过该整数是正数、负数还是 0 表示两个字符串的大小关系。例如：

```
String s1 = "123a";
String s2 = "123A";
String s3 = "123B";
int result1 = s1.compareTo(s2);                 //32, 即'a'-'A'的值
int result2 = s1.compareToIgnoreCase(s3);       //-1, 转换为小写后, 'a'-'b'的值
```

（3）字符串的连接

String 类的 concat()方法将指定字符串连到某字符串的末尾。用 "+"也可以达到同样的效果，而且更为常用。例如：

```
String str = "Java";
String s1 = str.concat(" programming.");
String s2 = str + " programming.";              // 与concat()等价
```

【例 7.1】 String 类的使用示例。

```java
public class StringDemo {
    public static void main(String[] args) {
        String str = "你好, Java!";
        int len = str.length(); // 长度为 8
        System.out.println("字符串的长度为: " + len );
        str = "Java";
        boolean b1 = str.equals("java");              // 大小写敏感时为 false
        boolean b2 = str.equalsIgnoreCase("java");    //大小写不敏感时为 true
        boolean b3 = "java".equals("java");  // true
        System.out.println("Java 和 java 是否相等"+b1);
        System.out.println("大小写不敏感时 Java 和 java 是否相等"+b2);
        System.out.println("java 和 java 是否相等"+b3);
        String s1 = "123a";
        String s2 = "123A";
        String s3 = "123B";
        int result1 = s1.compareTo(s2);               //32, 即'a'-'A'的值
        int result2 = s1.compareToIgnoreCase(s3);     //'a'-'b'的值为-1
        System.out.println("123a 与 123A 比较: "+result1);
```

```
            System.out.println("忽略大小写时 123a 与 123B 比较："+result2);
        }
    }
```

程序运行结果如图 7-1 所示。

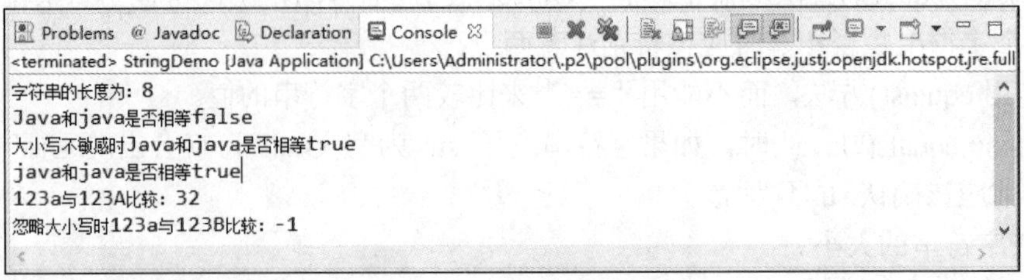

图 7-1　String 类示例运行结果

7.1.2　StringBuffer 类

由于字符串是常量，因此一旦创建，其内容和长度是不能修改的。如果一个字符串发生了变化，则只能创建新的字符串来存放。为了便于对字符串进行修改，在 JDK 中提供了一个 StringBuffer 类（字符串缓冲区），它的对象是可以扩充和修改的，因此 StringBuffer 又称为动态字符串。每个字符串缓冲区都有一定的容量，只要字符串缓冲区所包含的字符序列的长度没有超出缓冲区容量，就无须分配新的缓冲区。如果超出缓冲区容量，则自动重新分配一个具有更大缓冲区容量的新缓冲区。

1. 常用构造方法

```
StringBuffer();          // 长度为 0，容量为 16（默认值）
StringBuffer(int n);     // 长度为 0，容量为 n
StringBuffer("Java");    // 长度为 4，容量为 20（=4+16）
```

2. 常用方法

StringBuffer 类的常用方法如表 7-3 所示。

表 7-3　StringBuffer 类的常用方法

方法声明	功能描述
public int length()	返回字符串的长度
public append(Object obj)	在尾部添加对象
public insert(int offset, Object obj)	在 offset 位置插入对象 obj
public StringBuffer delete(int start, int end)	移除此序列中 start 开始到 end−1 位置的字符串
public StringBuffer delete(int index)	移除此序列中 index 位置的字符
public char charAt(int index)	返回此序列中 index 位置的 char 值
public void setCharAt(int index ,char c)	将此序列中 index 位置的字符修改成 c
public String substring(int start)	返回从 start 位置开始的所有字符
public String substring(int start, int end)	返回从 start 开始到 end−1 位置的所有字符
public StringBuffer reverse()	将此字符序列用其反转形式取代

（1）字符串长度与缓冲区容量

String 类和 StringBuffer 类都有 length()方法，但 StringBuffer 类除了字符串长度之外，还有一个缓冲区容量的概念。缓冲区容量与字符串长度是两个不同的概念，其中：

➢ 方法 capacity()返回 StringBuffer 实例的缓冲区容量。

➢ 方法 ensureCapacity()确保容量至少等于指定的最小值。

（2）StringBuffer 类的比较

StringBuffer 类的 equals()没有覆盖基类的同名方法，因此不能用它来比较 StringBuffer 实例的值。比较 StringBuffer 实例的值时，需要将它们转换为 String 类，然后进行比较：

```
StringBuffer buffer1 = new StringBuffer("Java");
StringBuffer buffer 2 = new StringBuffer("Java");
boolean b1 = (buffer1== buffer2) ;                //false, 不能用==
boolean b2 = buffer1.equals(buffer2);            //false, 也不能用 equals()
boolean b3 = buffer1.toString().equals(buffer2.toString());    //true
```

（3）与 String 类对应的方法

String 类的许多方法在 StringBuffer 类中有同名的方法，这些方法包括 length()、charAt()、indexOf()、lastIndexOf()、substring()、toString()等。它的含义和用法与 String 类的对应方法基本相同，但是提供的重载方法较少。

（4）StringBuffer 独有的方法

这些方法是与 StringBuffer 缓冲区的修改有关的，如果追加或插入后的字符串长度不超过缓冲区容量，则更改后的结果仍保存在原缓冲区内，但是如果超过了缓冲区容量，则需要重新分配一个缓冲区，并将数据复制到新的空间。新的容量是下述两个值中的较大者：新的总长度；原容量的 2 倍加 2。

这些方法的返回值是 StringBuffer 类型的，实际上是其本身，因此下述代码：

```
StringBuffer buffer1= new StringBuffer("Java");
StringBuffer buffer2 = buffer1.reverse(); // buffer1→ avaJ    buffer1→ avaJ
```

并没有真正生成一个新的缓冲型字符串，buffer1 和 buffer2 指向同一个缓冲区，因此它们的值是相同的，都是修改后的值，并且原来的值已不复存在，如果需要保留原来的字符串，则须事先复制一份。

有关修改 StringBuffer 值的方法有：追加 append()、插入 insert()、删除 delete()、反转 reverse()等。

【例 7.2】 StringBuffer 类的使用示例。

```
public class StringBufferDemo {
    public static void main(String[] args) {
        StringBuffer buffer = new StringBuffer("Hello,");
        buffer.append("Java!").append("欢迎! ");
        System.out.println(buffer);
        // 删除索引为 5 的标点符号
        buffer.deleteCharAt(5);
        System.out.println(buffer);
        // 在索引为 5 的位置上插入"你好"
        buffer.insert(5, "你好");
        System.out.println(buffer);
```

```
        // 将 buffer 的内容反转
        buffer.reverse();
        System.out.println(buffer);
    }
}
```

程序运行结果如图 7-2 所示。

图 7-2　StringBuffer 类示例运行结果

7.2　Java 集合容器类

在实际应用中，经常需要保存多个对象并且可能需要增加、删除信息，例如，保存企业职工信息。为了在程序中可以保存这些数目不确定的对象，JDK 提供了一系列特殊的类，这些类可以存储任意类型的对象，并且长度可变。在 Java 中，这些类被统称为集合容器（Container）类，集合容器类被放在 java.util 包中。集合容器类共分为两类，分别如下。

7-1
Java 集合容器概述

1）集合（Collection）：一个集合就是存储一组对象的容器，Java 集合框架支持集（Set）和列表（List）两种类型的集合。

➢ Set（集）：集合中的对象（也称为元素 element）没有次序之分，且没有重复对象。

➢ List（列表）：集合中的对象按照索引位置排序，可以有重复对象，可以按索引位置检索对象。

2）映射（Map）：集合中的每个对象都由一个特殊的"键–值"对组成。键对象不能重复，值对象可以重复。

图 7-3 列出了程序中常用的一些集合容器类，其中虚线框内的是接口类型，实线框内的是具体的实现类。

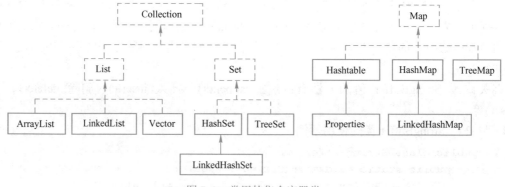

图 7-3　常用的集合容器类

7.3　Collection 接口

7-2
Collection 接口

Collection 是最基本的集合接口，是 List 接口和 Set 接口的父接口。它定义了作为集合应该拥有的一些方法，如表 7-4 所示。

表 7-4　Collection 接口定义的方法

操作类型	方法声明	功能描述
添加删除基本操作	boolean add(Object o)	将指定对象 o 添加到集合中
	boolean remove(Object o)	从此集合中移除指定对象
查询操作	int size()	返回集合中的对象个数
	boolean isEmpty()	如果集合中不包含对象，则返回 true
	boolean contains(Object o)	如果集合中包含指定的对象 o，则返回 true
	Iterator <E> iterator()	返回该集合的遍历对象
成组操作	void clear()	从集合中删除所有元素
	boolean removeAll(Collection c)	从集合中删除 c 中的所有元素
	boolean containsAll(Collection c)	判断集合中是否包含 c 中的所有元素
	boolean addAll(Collection c)	将 c 中的所有元素添加到集合中

【例 7.3】　Collection 接口示例。

```java
import java.util.ArrayList;
import java.util.Collection;
public class CollectionDemo {
    public static void main(String[] args) {
        // 创建集合对象
        Collection collection = new ArrayList();
        // 添加集合中的元素
        collection.add("Hi");
        collection.add(123);
        System.out.println("集合中元素个数为："+collection.size());
        // 判断是否包含字符串 Hi
        boolean isContains = collection.contains("Hi");
        System.out.println("是否包含 Hi： " + isContains);
        // 判断集合是否为空
        boolean isEmpty = collection.isEmpty();
        System.out.println("集合是否为空： " + isEmpty);
        // 移除元素后，现有元素个数
        collection.remove("Hi");
        System.out.println("移除 Hi 后元素个数为："+collection.size());
        // 清空操作
        collection.clear();
        System.out.println("清空操作后元素个数："+collection.size());
    }
}
```

程序运行结果如图 7-4 所示。

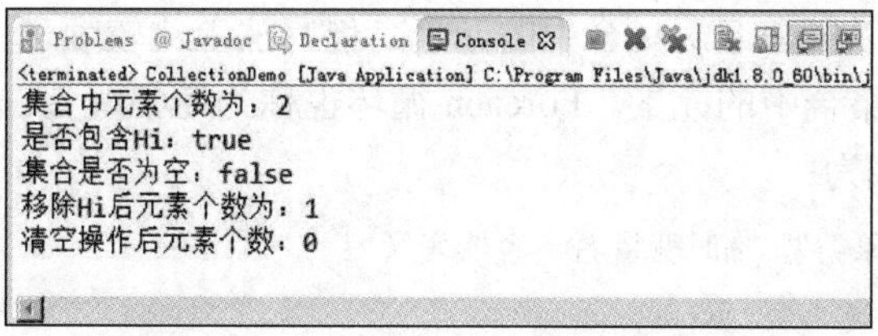

图 7-4　Collection 接口示例运行结果

7.3.1 Iterator 接口

在程序开发中，经常需要遍历集合中的所有元素。针对这种需求，JDK 专门提供了一个接口 Iterator。该接口主要用于迭代访问 Collection 中的元素，因而 Iterator 对象也称为迭代器。Iterator 接口的主要方法如下。

7-3
Iterator 接口

> boolean hasNext()：判断是否存在另一个可以访问的元素。
> Object next()：返回下一个可以访问的元素。通常与 hasNext()方法结合使用，以免产生异常。
> void remove()：删除上次访问返回的对象。

【例 7.4】 Iterator 接口示例。

```java
import java.util.ArrayList;
import java.util.Collection;
import java.util.Iterator;
public class IteratorDemo {
    public static void main(String[] args) {
        // 创建集合对象
        Collection collection = new ArrayList();
        // 添加集合中的元素
        collection.add("Hi");
        collection.add(123);
        // 获得一个迭代器对象
        Iterator iterator = collection.iterator();
        // 遍历集合中的所有元素
        while(iterator.hasNext()){
            Object obj = iterator.next();
            System.out.println(obj);
        }
    }
}
```

程序运行结果如图 7-5 所示。

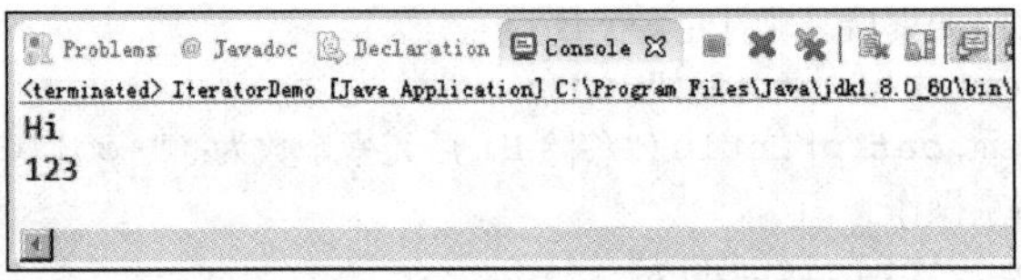

```
Problems  @ Javadoc  Declaration  Console ☒  ■ ✖ ❄ | ☰ ☰ | ☰ |
<terminated> IteratorDemo [Java Application] C:\Program Files\Java\jdk1.8.0_60\bin\
Hi
123
◂
```

图 7-5 Iterator 接口示例运行结果

7.3.2 foreach 循环

虽然 Iterator 接口可以用来遍历集合中的元素，但写法上比较烦琐。从 JDK 5.0 开始，可以使用 foreach 循环来遍历集合中的元素。Foreach 循环也称为增强型 for 循环，用于遍历数组或集合中的元素，其语法格式为：

```java
for(容器中的对象类型 临时变量名：容器变量){
    执行语句
}
```

从上述格式可知，与通常的 for 循环相比，foreach 循环不需要指定容器中对象的个数，也不需要根据索引访问容器中的对象，它会自动遍历容器中的每个元素。

【例 7.5】 foreach 循环示例。

```java
import java.util.ArrayList;
import java.util.Collection;
public class foreachDemo {
    public static void main(String[] args) {
        // 创建集合对象
        Collection collection = new ArrayList();
        collection.add("Hi");
        collection.add(123);
        // 用 foreach 遍历集合中的所有元素
        for(Object obj: collection){
            System.out.println(obj);
        }
    }
}
```

程序运行结果与【例 7.4】的结果完全相同，如图 7-5 所示。

7.4　List 接口

在 Java 程序设计中，List 容器是最常使用的，其重要特征是元素可以重复且可以按顺序容纳、提取元素，其中的元素可以是任何引用数据类型。由于 List 保存了元素的顺序信息，因此可以当作栈（后进先出）或队列（先进先出）来使用。

7-4
List 接口

List 是一个接口，它的实现有多种，如 ArrayList、LinkedList、Stack 和 Vector 等，其中最常用的是 LinkedList 和 ArrayList。

List 接口的常用方法如表 7-5 所示。

表 7-5　List 接口的常用方法

方法声明	功能描述
void add(Object obj)	将指定元素 obj 添加到列表的尾部
void add(int index,Object obj)	将指定元素 obj 添加到列表的指定位置 index
boolean addAll(int index, Collection c)	将集合 c 中的所有元素添加到指定位置 index
Object get(int index)	返回列表中指定位置的元素
int indexOf(Object obj)	返回 List 中第一次出现 obj 的位置，-1 表示无此元素
int lastIndexOf(Object obj)	返回 List 中最后一次出现 obj 的位置，-1 表示无此元素
boolean remove(Object o)	从此集合中移除指定对象 o
Object remove(int index)	删除指定位置的元素

7.4.1　ArrayList 类

ArrayList 类实现 List 接口，它是大小可变的动态数组。每个 ArrayList 实例都有一个容量，

该容量是指用来存储列表元素的数组的大小。随着 ArrayList 中元素
的不断增加，其容量也会自动增长。

7-5
ArrayList 类

【例 7.6】 ArrayList 类示例。

```java
import java.util.ArrayList;
import java.util.Iterator;
import java.util.List;
public class ArrayListDemo {
    public static void main(String[] args) {
        // 创建 ArrayList 对象 list
        List list = new ArrayList();
        // 将指定元素添加到列表尾部
        list.add("小王");
        list.add("小张");
        list.add("小李");
        list.add("小陈");
        list.add("小赵");
        // 获取容器中元素的个数
        System.out.println("集合中元素个数是：" + list.size());
        // 遍历表中的所有元素
        Iterator it = list.iterator();
        while (it.hasNext()){
            Object obj = it.next();
            System.out.print(obj+" ");
        }
        System.out.println();
        // 在指定位置 2 插入重复元素 "小陈"
        list.add(2,"小陈");
        // 显示指定位置 2 的元素
        System.out.println("指定位置 2 的元素是："+list.get(2));
        // 将位置 5 改为 "小赵 2"
        list.set(5,"小赵 2");
        // 遍历方法 2
        System.out.println("添加修改后，列表中的元素有：");
        for (int i=0;i<list.size();i++){
            System.out.print(list.get(i)+" ");
        }
        System.out.println();
        // 返回 "小陈" 首次出现的位置
        System.out.println("小陈 首次出现的位置"+list.indexOf("小陈"));
        // 返回 "小陈" 最后出现的位置
        System.out.println("小陈 最后出现的位置"+list.lastIndexOf("小陈"));
        // 移除指定位置 2 的元素，并将移除元素输出
        Object obj = list.remove(2);
        System.out.println("移除元素是："+obj);
        // 移除指定元素 "小赵 2"
        boolean b = list.remove("小赵 2");
        System.out.println(b);
        // 将列表转换成数组，并用数组展示
        System.out.println("移除元素后，列表中的元素有：");
        Object[] arr = list.toArray();
```

```
    for (int i=0;i<arr.length;i++){
        System.out.print(arr[i]+" ");
    }
    System.out.println();
    // 清空列表元素，并输出元素个数
    list.clear();
    System.out.println("列表清空后的元素个数是："+list.size());
    }
}
```

程序运行结果如图 7-6 所示。

```
Problems  Javadoc  Declaration  Console ☒
<terminated> ArrayListDemo [Java Application] C:\Program Files (x86)\Java\jre6\bin\javaw.exe (2022年1月22日 下午3:37:24)
集合中元素个数是: 5
小王 小张 小陈 小李 小赵
指定位置2的元素是: 小陈
添加修改后，列表中的元素有:
小王 小张 小陈 小李 小陈 小赵2
小陈 首次出现的位置2
小陈 最后出现的位置4
移除元素是: 小陈
true
移除元素后，列表中的元素有:
小王 小张 小李 小陈
列表清空后的元素个数是: 0
```

图 7-6　ArrayList 类示例运行结果

7.4.2　LinkedList 类

LinkedList 类是 List 接口的链表实现类。LinkedList 类除了实现 List 接口外，还提供了一些处理列表两端元素的方法。这些操作允许将链表列表作为堆栈、队列或双端队列。

LinkedList 类的常用方法如表 7-6 所示。

7-6
LinkedList 类

表 7-6　LinkedList 类的常用方法

方法声明	功能描述
void addFirst(Object obj)	将指定元素 obj 添加到列表的开头
void addLast(Object obj)	将指定元素 obj 添加到列表的尾部
Object getFirst()	返回列表开头的第一个元素
Object getLast()	返回列表结尾的最后一个元素
Object removeFirst()	移除并返回列表开头的第一个元素
Object removeLast()	移除并返回列表结尾的最后一个元素

【例 7.7】 LinkedList 类示例。使用 LinkedList 模拟栈结构。

```
import java.util.LinkedList;
public class MyStack {
    // 创建 LinkedList 对象
    LinkedList linkedList = new LinkedList();
    // 入栈
    public void push(Object o) {
        linkedList.addFirst(o);
    }
    // 出栈
```

```java
    public Object pop() {
        return linkedList.removeFirst();
    }
    // 获取栈顶元素
    public Object peek() {
        return linkedList.getFirst();
    }
    // 栈是否为空
    public boolean empty() {
        return linkedList.isEmpty();
    }
}
public class TestMyStack {
    public static void main(String[] args) {
        //定义栈
        MyStack stack = new MyStack();
        //入栈插入三个元素
        stack.push("小王");
        stack.push("小张");
        stack.push("小李");
        //出栈
        System.out.println("出栈元素："+stack.pop());
        //显示栈顶元素
        System.out.println("栈顶元素："+stack.peek());
        //出栈
        System.out.println("出栈元素："+stack.pop());
        //判断栈是否为空
        System.out.println(stack.empty());
    }
}
```

程序运行结果如图 7-7 所示。

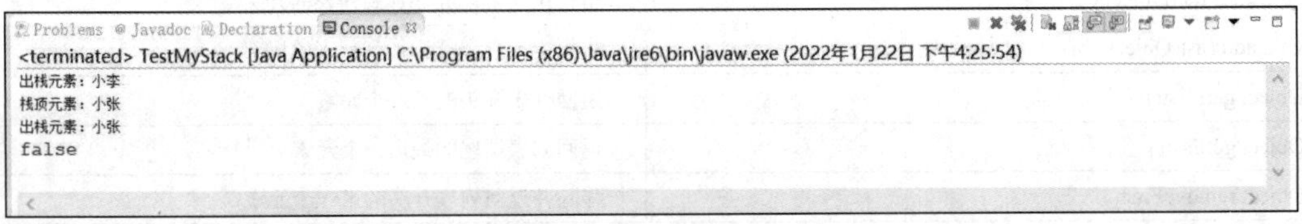

图 7-7　LinkedList 类示例运行结果

7.5　Set 接口

Set 接口继承 Collection 接口，与 List 接口比较相似，但两者又有以下两个典型差异。

➢ Set 中不保存重复的元素（List 中可以有重复元素）。

➢ Set 中不能保证元素顺序信息（List 中的元素顺序是确定的）。

Set 接口的实现有多种，如 HastSet、TreeSet、EnumSet 等，其中最常用的是 HastSet 和 TreeSet。

Set 接口的常用方法如表 7-7 所示。

表 7-7 Set 接口的常用方法

方法声明	功能描述
int size( )	返回 Set 中元素的个数
boolean isEmpty()	如果 Set 中不包含对象，则返回 true
boolean contains(Object o)	如果 Set 中包含指定的对象 o，则返回 true
Iterator iterator()	返回 Set 中元素的迭代器
boolean add(Object o)	如果 Set 中不含有指定对象 o，则将其添加到 Set 中
boolean remove(Object o)	如果 Set 中含有指定对象 o，则将其删除
boolean removeAll(Collection c)	从 Set 中删除 c 中的所有元素
boolean containsAll(Collection c)	判断 Set 中是否包含 c 中的所有元素
boolean addAll(Collection c)	将 c 中的所有元素添加到 Set 中
void clear()	从 Set 中删除所有元素

7.5.1 HashSet 类

HashSet 类实现 Set 接口，有哈希表支持。它不保证 Set 的迭代顺序；特别是它不保证该顺序恒久不变。

【例 7.8】 HashSet 类示例。

7-7
HashSet 类

```java
import java.util.HashSet;
import java.util.Iterator;
import java.util.Set;
public class SetDemo {
    public static void main(String[] args) {
        Set set = new HashSet();
        set.add("李明");
        set.add("刘丽");
        System.out.println("set 中的元素有：");
        Iterator it = set.iterator();
        while (it.hasNext()){
            Object obj = it.next();
            System.out.println(obj);
        }
        set.add("刘丽");        //添加相同的元素
        set.add(123);
        System.out.println("加入两个元素后，set 中有：");
        it = set.iterator();
        while (it.hasNext()){
            Object obj = it.next();
            System.out.println(obj);
        }
    }
}
```

程序运行结果如图 7-8 所示。

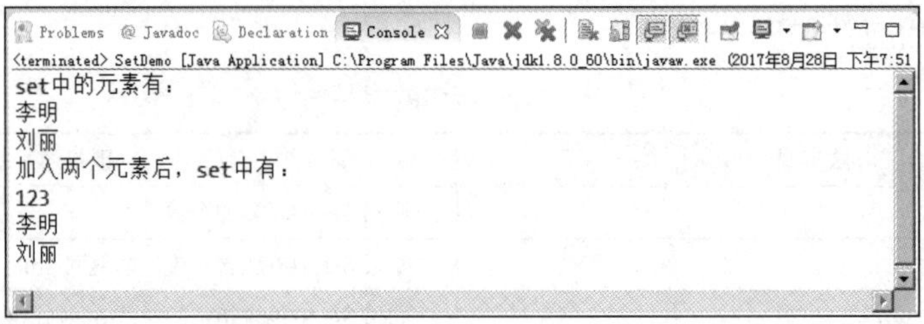

图 7-8　HashSet 类示例运行结果

7.5.2　TreeSet 类

TreeSet 类不仅实现了 Set 接口，还实现了 SortedSet 接口，从而保证在遍历集合时按递增的顺序获得对象。存入 TreeSet 类实现的 Set 集合必须实现 Comparable 接口，也可以按指定比较器排列。像 String 和 Integer 等 Java 内建类实现 Comparable 接口以提供一定的排序方式，用户自定义的类通过实现 Comparable 接口可实现对象的排序。

【例 7.9】　TreeSet 类示例。

```java
public class Customer implements Comparable {
    private String name;
    private int age;
    //此处省略 getters()和 setters()方法
    public Customer(String name, int age) {
        super();
        this.name = name;
        this.age = age;
    }
    public Customer() {
        super();
    }
    @Override
    public int compareTo(Object arg0) {
        Customer other = (Customer) arg0;
        if (this.getName().compareTo(other.getName()) > 0) {
            return 1;
        } else if (this.getName().compareTo(other.getName()) < 0) {
            return -1;
        } else {
            if (this.age > other.age) {
                return 1;
            } else if (this.age < other.age) {
                return -1;
            } else {
                return 0;
            }
        }
    }
}
import java.util.Iterator;
import java.util.Set;
```

```
import java.util.TreeSet;

public class TreeSetTest2 {
    public static void main(String[] args) {
        // 定义一个 TreeSet 对象
        Set set = new TreeSet();
        Customer c1 = new Customer("zs", 18);
        Customer c2 = new Customer("zs", 21);
        Customer c3 = new Customer("ls", 19);
        Customer c4 = new Customer("ls", 19);
        // 在 TreeSet 中添加元素
        set.add(c1);
        set.add(c2);
        set.add(c3);
        // 遍历集合
        Iterator it = set.iterator();
        while (it.hasNext()) {
            Customer b = (Customer) it.next();
            System.out.println(b.getName() + "\t" + b.getAge());
        }
    }
}
```

程序运行结果如图 7-9 所示。

```
Problems @ Javadoc Declaration Console
<terminated> TreeSetTest2 [Java Application] C:\Program Files (x86)\Java\jre6\bin\javaw.exe (2022年1月24日 上午11:01:45)
ls      19
zs      18
zs      21
```

图 7-9　TreeSet 类示例运行结果

7.6　Map 接口

Map 是一种将键对象与值对象进行关联的容器，即 Map 中的一个元素就是一个"键-值"对，其中的键对象不允许重复，而值对象不仅可以重复，且可以是任意数据类型，甚至可以是一个新的"键-值"对。由于可以将多个键映射到同一个值对象上，因而在使用过程中，键所对应的值对象可能会被动地发生变化。

7-9
Map 接口概述

Map 接口通常用 Hashtable、HashMap、TreeMap 来实现。

Map 接口的常用方法如表 7-8 所示。

表 7-8　Map 接口的常用方法

方法声明	功能描述
void clear()	删除 Map 对象中的所有键-值对
Set keySet()	返回该 Map 中所有键所组成的 Set 集合
Set entrySet()	返回该 Map 中所有"键-值"对所组成的 Set 集合

（续）

方法声明	功能描述
Collection values()	返回该 Map 中所有值所组成的 Collection
boolean containsKey(Object key)	查询 Map 中是否包含指定的键
boolean containsValue(Object value)	查询 Map 中是否包含指定的值
Object get(Object key)	返回指定键所对应的值；若 Map 中不包含键，则返回 null
boolean isEmpty()	查询该 Map 是否为空
Object put(Object key; Object value)	在 Map 中添加或覆盖一个"键-值"对
Object remove(Object key)	删除指定键所对应的"键-值"对，返回被删除键所关联的值
int size()	返回该 Map 中"键-值"对的个数

7.6.1　HashMap 类

HashMap 类是基于哈希表的 Map 接口的实现。此实现提供所有可选的映射操作，并允许使用 null 值和 null 键。此类不保证映射的顺序，特别是它不保证该顺序恒久不变。

【例 7.10】　HashMap 类示例。

7-10
例 7.10 讲解

```java
public class Student {
    private String no;
    private String name;
    private int age;
    private String address;
    //此处省略 get 和 set 方法
    public Student(String no, String name, int age, String address) {
        super();
        this.no = no;
        this.name = name;
        this.age = age;
        this.address = address;
    }
    public Student() {
    }
    @Override
    public String toString() {
        return "学生学号：" + this.getNo() + "\t"
            + "学生姓名：" + this.getName() + "\t"
            + "学生年龄：" + this.getAge() + "\t"
            + "学生地址：" + this.getAddress();
    }
}
import java.util.Collection;
import java.util.HashMap;
import java.util.Iterator;
import java.util.Map;
import java.util.Set;

public class HashMapTest {
    public static void main(String[] args) {
```

```
//定义 HashMap
Map map = new HashMap();
//定义三个学生对象
Student stu1 = new Student("1001","张明",20,"江苏徐州");
Student stu2 = new Student("1002","孙旭",19,"江苏无锡");
Student stu3 = new Student("1003","李东",21,"江苏南京");

//以学号为键，学生完整信息为值，保存到 map 中
map.put(stu1.getNo(),stu1);
map.put(stu2.getNo(),stu2);
map.put(stu3.getNo(),stu3);

//containsKey：如果此映射包含指定键的映射关系，则返回 true
boolean isContainsKey = map.containsKey(stu1.getNo());
System.out.println("是否包含1001号学生："+isContainsKey);
//containsValue：如果此映射包含指定值，则返回 true
boolean isContainsValue = map.containsValue(stu2);
System.out.println("是否包含1002号学生："+isContainsValue);
//获得指定学号1001的值
Student stu = (Student) map.get("1001");
if (stu!=null){
    System.out.println(stu.getNo()+"\t"+stu.getName());
}
//entrySet()：返回此映射所包含的映射关系的 Set 视图
Set entrySet = map.entrySet();
Iterator it = entrySet.iterator();
while (it.hasNext()){
    System.out.println(it.next());
}
//keySet()：返回此映射所包含的键的 Set 视图
Set keySet = map.keySet();
it = keySet.iterator();
while (it.hasNext()){
    System.out.println(it.next());
}
//遍历 values()
Collection stuValues = map.values();
it = stuValues.iterator();
while (it.hasNext()) {
    Student s = (Student) it.next();
    System.out.println(s);
}
//移除
System.out.println("删除前的 map.size="+map.size());
map.remove(stu2.getNo());
System.out.println("删除后的 map.size="+map.size());
//清空
System.out.println("清空前的 map.size="+map.size());
map.clear();
System.out.println("清空后的 map.size="+map.size());
```

```
        }
    }
```

程序运行结果如图 7-10 所示。

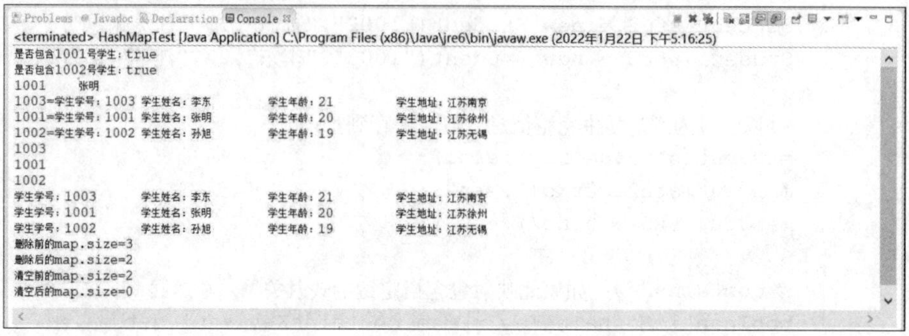

图 7-10　HashMap 类示例运行结果

7.6.2　TreeMap 类

TreeMap 类通过树实现 Map 接口。TreeMap 提供按排序顺序存储"键-值"对的有效字段，同时允许快速检索。TreeMap 实现 SortedMap 并且扩展 AbstractMap，其本身并没有定义其他方法。需要指出的是，String 和 Integer 等 Java 内建类实现 Comparable 接口以提供一定的排序方式。对于没有实现 Comparable 接口的类或自定义的类，可以通过 Comparator 接口来定义自己的比较方式。

7-11
例 7.11 讲解

【例 7.11】　TreeMap 类示例。

```java
import java.util.Comparator;
public class StudentComparator implements Comparator<Student>{
    @Override
    public int compare(Student stu1, Student stu2) {
        if (stu1.getAge()>stu2.getAge()){
            return 1;
        }
        else if (stu1.getAge()<stu2.getAge()){
            return -1;
        }else{
            return 0;
        }
    }
}
import java.util.Iterator;
import java.util.Map;
import java.util.Set;
import java.util.TreeMap;

public class TreeMapTest {
    public static void main(String[] args) {
        // 定义 TreeMap
        Map map = new TreeMap(new StudentComparator());
        // 定义三个学生对象
```

```java
        Student stu1 = new Student("1001", "张三", 20, "江苏无锡");
        Student stu2 = new Student("1002", "李四", 18, "江苏苏州");
        Student stu3 = new Student("1003", "王五", 21, "江苏常州");
        // 加入 map, 键为学生 (键按年龄排序), 值为成绩
        map.put(stu1, 95);
        map.put(stu2, 90);
        map.put(stu3, 80);
        // 输出"键-值"对
        Set entrySet = map.entrySet();
        Iterator it = entrySet.iterator();
        while (it.hasNext()) {
            System.out.println(it.next());
        }
    }
}
```

程序运行结果如图 7-11 所示。

```
 Problems  Javadoc  Declaration  Console ⊠
<terminated> TreeMapTest [Java Application] C:\Program Files (x86)\Java\jre6\bin\javaw.exe (2022年1月24日 上午10:10:14)
学生学号: 1002      学生姓名: 李四      学生年龄: 18      学生地址: 江苏苏州=90
学生学号: 1001      学生姓名: 张三      学生年龄: 20      学生地址: 江苏无锡=95
学生学号: 1003      学生姓名: 王五      学生年龄: 21      学生地址: 江苏常州=80
```

图 7-11 TreeMap 类示例运行结果

工作任务 9 使用集合类（Collection）添加职工信息

1. 任务描述

7-12
工作任务 9

本任务实现职工信息的添加和显示功能。首先提示输入职工信息，接着根据职工编号查询该职工是否在系统中，如果职工信息已经存在，则提示"该职工已存在信息"，如果职工信息不存在，则添加职工信息到系统中，同时可以显示已有的职工信息。

2. 相关知识

本任务的实现，需要掌握集合类 Collection 的使用，掌握迭代器对象 Iterator 的使用。

3. 任务设计

（1）接口和类设计

1）设计职工信息管理接口，编写判断职工是否存在、添加职工信息、显示所有职工信息 3 个抽象方法。

2）实现职工信息管理接口，并实现其中的抽象方法；同时定义职工集合类，以存放职工信息。

（2）主程序

1）定义键盘接收职工信息的方法。

2）编写主程序，实现职工信息的添加与显示功能。

4. 项目实施

程序代码如下：

```java
package task9;
import task6.Employee;
public interface EmployeeDao {
    // 判断职工信息是否存在
    public boolean isExist(Employee e);
    // 添加职工信息
    public boolean insertEmployee(Employee e);
    // 显示所有职工信息
    public void showAll();
}
package task9;
import java.util.ArrayList;
import java.util.Collection;
import java.util.Iterator;
import task6.Employee;

public class EmployeeDaoCollection implements EmployeeDao {
    Collection<Employee> collection;
    public EmployeeDaoCollection() {
        collection = new ArrayList<Employee>();
    }
    public Collection<Employee> getCollection() {
        return collection;
    }
    public void setCollection(Collection<Employee> collection) {
        this.collection = collection;
    }
    public boolean isExist(Employee e) {
        boolean flag = false;
        if (collection.contains(e)) {
            flag = true;
        }
        return flag;
    }
    public boolean insertEmployee(Employee e) {
        collection.add(e);
        return true;
    }
    public void showAll() {
        Iterator<Employee> it = collection.iterator();
        System.out.println("工号\t 姓名\t 性别\t 部门\t 身份证号\t\t\t 电话");
        while (it.hasNext()) {
            Employee e = (Employee) it.next();
            System.out.println(e.getId() + "\t" + e.getName() + "\t"
                    + e.getSex() + "\t" + e.getDepartment() + "\t" + e.getCardID()
                    + "\t" + e.getPhone());
        }
    }
}
```

```java
package task9;
import java.util.Scanner;
import task6.Employee;
public class TestCollection {
    EmployeeDaoCollection edc = new EmployeeDaoCollection();
    // 输入职工信息
    public void InsertEmployee(){
        Employee e = new Employee();
        // 通过 Scanner 对象获得职工信息
        Scanner sc = new Scanner(System.in);
        System.out.println("请输入职工编号：");
        String id = sc.next();
        System.out.println("请输入职工姓名：");
        String name = sc.next();
        System.out.println("请输入职工所在部门：");
        String department = sc.next();
        System.out.println("请输入职工性别：");
        char sex = sc.next().charAt(0);
        System.out.println("请输入职工身份证号：");
        String cardID = sc.next();
        System.out.println("请输入职工电话：");
        String phone = sc.next();

        // 通过 setters 方法为对象赋值
        e.setId(id);
        e.setName(name);
        e.setDepartment(department);
        e.setCardID(cardID);
        e.setSex(sex);
        e.setPhone(phone);

        boolean isExist = edc.isExist(e);
        if (isExist){
            System.out.println("您的输入有误，该职工已存在！");
        }else{
            edc.insertEmployee(e);
            System.out.println("添加职工信息成功！");
        }
    }
    public void showAllEmployeeInfo() {
        edc.showAll();
    }
    public static void main(String[] args) {
        TestCollection tc = new TestCollection();
        Scanner sc = new Scanner(System.in);
        int action;
        int i=1;
        while(i==1){
            System.out.println("请选择要执行的操作：");
            System.out.println("1：职工信息添加");
            System.out.println("2：职工信息显示");

            action = sc.nextInt();
```

```
            switch(action){
            case 1:tc.InsertEmployee();break;
            case 2:tc.showAllEmployeeInfo();break;
            }
            System.out.println("是否继续：1.继续　2.退出");
            i=sc.nextInt();
        }
    }
}
```

5. 运行结果

程序运行结果如图 7-12 所示。

6. 任务小结

本任务利用集合类 Collection 实现了职工信息的添加与显示功能，设计了职工信息管理接口，编写判断职工是否存在和添加职工信息、显示职工信息 3 个抽象方法；设计职工信息管理类，实现职工信息管理接口，并实现其中的抽象方法。

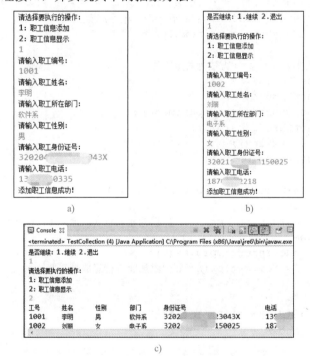

图 7-12　利用集合类 Collection 添加职工信息结果示意图
a) 添加第 1 个职工　b) 添加第 2 个职工　c) 显示所有职工信息

工作任务 10　使用集合类（List）修改职工信息

1. 任务描述

在前述工作任务已经实现职工信息添加、显示的基础上，本工作任务实现职工信息的修改功能，包括选择操作类型，并进行职工信息的输入、显示或修改操作。

2．相关知识

本任务的实现，需要掌握列表接口 List 的使用。

3．项目设计

（1）接口和类设计

1）设计职工信息管理接口，编写判断职工是否存在、添加职工信息、显示所有职工信息、按职工编号查询职工信息、修改职工信息 5 个抽象方法。

2）实现职工信息管理接口，并实现其中的抽象方法。同时定义职工列表 List，以存放职工信息。

（2）主程序

1）定义键盘接收职工信息的方法。

2）编写主程序，在职工信息的添加与显示功能已经实现的基础上，新增修改功能。

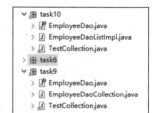

图 7-13　工作任务 10 包图

4．任务实施

1）将工作任务 9 涉及的 3 个类复制到工作任务 10，如图 7-13 所示。

2）在 EmployeeDao.java 中，添加按职工编号查询职工信息的抽象方法和修改职工信息的抽象方法。

```java
// 按职工编号查询职工信息
public Employee selectById(String sid);
// 修改职工信息
public boolean updateEmployee (String sid, Employee e);
```

3）将工作任务 9 的 EmployeeDaoCollection.java 类重命名为 EmployeeDaoListImpl.java，做如下修改。

① 将数据成员 Collection<Employee> collection;改为 List<Employee> list;，重新编写 getters 和 setters 方法。

② 文件中所有的 collection 对象替换为 list 对象。

③ 在 EmployeeDaoListImpl.java 中实现接口中添加的两个抽象方法。

```java
public Employee selectById(String sid) {
    Employee e = null;
    Iterator<Employee> it = list.iterator();
    while (it.hasNext()){
        Employee ep = (Employee) it.next();
        if (ep.getId().equals(sid)){
            System.out.println("根据职工编号找到了该职工！ ");
            e = ep;
        }
    }
    return e;
}
public boolean updateEmployee(String sid,Employee e) {
    boolean flag = false;
```

```
        Employee oldemp = selectById(sid);        // 根据职工编号找到职工信息
        if (oldemp!=null){
            int index = list.indexOf(oldemp);    // 获得要修改职工的索引号
            list.set(index, e);
            flag = true;
        }
        return flag;
    }
```

4）在 TestCollection.java 类中，做如下修改。

① 将声明对象的语句

```
    EmployeeDaoCollection edc = new EmployeeDaoCollection();
```

改为

```
    EmployeeDaoListImpl edc = new EmployeeDaoListImpl();
```

② 添加修改职工信息方法。

```
    public void updateEmployee() {
        boolean flag = false;
        // 根据输入职工编号查询该职工是否存在
        System.out.println("请输入要修改信息的职工编号！");
        Scanner sc = new Scanner(System.in);
        String empID = sc.next();
        // 调用业务方法，判断该职工是否存在
        Employee e = edc.selectById(empID);
        // 根据查询结果，确定修改或不能修改职工信息
        if (e != null) {
            System.out.println(e.getId() + "\t" + e.getName() + "\t"
                    + e.getSex() + "\t" + e.getDepartment() + "\t"
                    + e.getCardID() + "\t" + e.getPhone());
            // 通过 Scanner 对象获得职工信息
            System.out.println("请输入修改职工姓名：");
            String name = sc.next();
            System.out.println("请输入修改职工所在部门：");
            String department = sc.next();
            System.out.println("请输入修改职工身份证号：");
            String cardID = sc.next();
            System.out.println("请输入修改职工性别：");
            char sex = sc.next().charAt(0);
            System.out.println("请输入修改职工电话：");
            String phone = sc.next();
            // 通过 setters 方法为对象赋值
            e.setName(name);
            e.setDepartment(department);
            e.setCardID(cardID);
            e.setSex(sex);
            e.setPhone(phone);
            // 调用修改方法
```

```
            flag = edc.updateEmployee(empID, e);
        } else {
            System.out.println("该职工不存在！");
        }
        if (flag == true) {
            System.out.println("修改成功！");
        } else {
            System.out.println("修改失败！");
        }
    }
```

③ 在主程序中添加代码。

➤ 在主界面添加修改信息的选项。

```
System.out.println("3：职工信息修改");
```

➤ 在 switch 语句中，添加处理修改职工信息的处理程序。

```
case 3:tc.updateEmployee();break;
```

5. 运行结果

程序运行结果如图 7-14 所示。

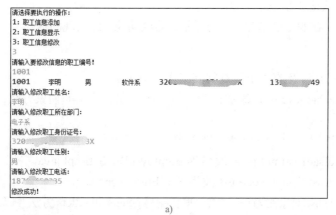

a)

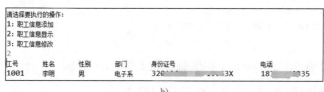

b)

图 7-14　利用 List 类修改职工信息结果示意图

a) 添加职工信息　b) 修改后的职工信息

6. 任务小结

本任务利用 List 类实现了职工信息的添加、显示与修改功能，设计了职工信息管理接口，编写判断职工是否存在、添加职工信息、显示所有职工信息、按职工编号查询职工信息、修改职工信息 5 个抽象方法；设计职工信息管理类，实现职工信息管理接口，并实现其中的抽象方法。

工作任务 11　使用集合类（Set）删除职工信息

1. 任务描述

在前述工作任务已经实现职工信息添加、显示和修改功能的基础上，本项目实现职工信息的删除功能。选择操作类型，能进行职工信息的输入操作、显示操作、修改操作和删除操作。

2. 相关知识

本任务的实现，需要掌握 Set 接口的使用。

7-14
工作任务 11

3. 任务设计

（1）接口和类设计

1）设计职工信息管理接口，添加删除职工信息抽象方法。

2）实现职工信息管理接口，并实现其中的抽象方法；同时定义职工列表 Set 集合，用于存放职工信息。

（2）主程序

1）定义键盘接收职工信息的方法。

2）编写主程序，在职工信息的添加与显示、修改功能已经实现的基础上，新增加删除功能。

4. 任务实施

1）将工作任务 10 涉及的 3 个类复制到工作任务 11。

2）在 EmployeeDao.java 中，添加按职工编号删除职工信息的抽象方法：

```
// 删除职工信息
public boolean deleteEmployee(String sid);
```

3）将 EmployeeDaoListImpl.java 改名为 EmployeeDaoSetImpl.java，做如下修改。

① 将数据成员 List<Employee> list;改为 Set<Employee> set;。

② 文件中所有的 list 对象改为 set 对象，重新编写 getters 和 setters 方法并修改构造方法如下。

```
public EmployeeDaoSetImpl() {
    set = new HashSet<Employee>();
}
```

③ 在 EmployeeDaoSetImpl.java 中实现删除职工信息的方法。

```
public boolean deleteEmployee(String sid) {
    boolean flag = false;
    Employee oldemp = selectById(sid);  //根据职工编号找到职工信息
    if (oldemp!=null){
        set.remove(oldemp);
        flag = true;
    }
    return flag;
}
```

④ 因为 list 集中的某些方法 set 集没有，须重写 update 方法。

```java
public boolean updateEmployee(String sid,Employee e) {
    boolean flag = false;
    System.out.println(set.size());
    Employee oldemp = selectById(sid);   //根据职工编号找到职工信息
    if (oldemp!=null){
        set.remove(oldemp);
        System.out.println(set.size());
        set.add(e);
        flag = true;
    }
    return flag;
}
```

4）修改 TestCollection.java 类。

① 将声明对象的语句

```java
EmployeeDaoListImpl edc = new EmployeeDaoListImpl();
```

改为

```java
EmployeeDaoSetImpl edc = new EmployeeDaoSetImpl();
```

② 替换修改职工信息方法。

```java
public void updateEmployee() {
    boolean flag = false;
    // 根据输入职工编号查询该职工信息是否存在
    System.out.println("请输入要修改信息的职工编号！");
    Scanner sc = new Scanner(System.in);
    String empID = sc.next();
    // 调用 selectById 方法，判断该职工信息是否存在
    Employee e = edc.selectById(empID);
    // 根据查询结果，确定修改或不能修改职工信息
    if (e != null) {
        System.out.println(e.getId() + "\t" + e.getName() + "\t"
                + e.getSex() + "\t" + e.getDepartment() + "\t"
                + e.getCardID() + "\t" + e.getPhone());
        // 通过 Scanner 对象获得职工信息
        System.out.println("请输入修改职工姓名：");
        String name = sc.next();
        System.out.println("请输入修改职工所在部门：");
        String department = sc.next();
        System.out.println("请输入修改职工身份证号：");
        String cardID = sc.next();
        System.out.println("请输入修改职工性别：");
        char sex = sc.next().charAt(0);
        System.out.println("请输入修改职工电话：");
        String phone = sc.next();
        // 通过 setters 方法为对象赋值
        Employee newEmp = new Employee();
        newEmp.setId(e.getId());
        newEmp.setName(name);
```

```
                    newEmp.setDepartment(department);
                    newEmp.setCardID(cardID);
                    newEmp.setSex(sex);
                    newEmp.setPhone(phone);

                    // 调用修改方法
                    flag = edc.updateEmployee(empID, newEmp);
                } else {
                    System.out.println("该职工不存在！");
                }

                if (flag == true) {
                    System.out.println("修改成功！");
                } else {
                    System.out.println("修改失败！");
                }
            }
```

③ 添加删除职工信息方法。

```
        public void removeEmployee(){
            // 1.输入要删除的职工编号
            System.out.println("请输入要删除的职工编号：");
            Scanner sc = new Scanner(System.in);
            String eid = sc.next();
            // 2.调用删除方法，删除职工信息
            boolean result = edc.deleteEmployee(eid);
            if (result){
                System.out.println("删除成功！");
            }else{
                System.out.println("删除失败！");
            }
        }
```

④ 在主程序中添加代码。

➤ 在主界面添加删除信息的选项。

```
        System.out.println("4：职工信息删除");
```

➤ 在 switch 语句中，添加处理删除职工信息的处理程序。

```
        case 4:tc.removeEmployee();break;
```

5. 运行结果

程序运行结果如图 7-15 所示，其中添加、修改操作过程并不在这里显示出来。

6. 任务小结

本任务利用 Set 类实现了职工信息的删除功能，设计了职工信息管理接口，编写判断职工是否存在和添加、显示、修改、删除职工信息 5 个抽象方法；设计职工信息管理类，实现职工信息管理接口，并实现其中的抽象方法。

```
工号      姓名    性别    部门      身份证号              电话
1001     李明    男      软件系    320        043X      187        45
1002     刘丽    女      电子系    32020      0025      139        16
是否继续: 1.继续    2.退出
1
请选择要执行的操作:
1: 职工信息添加
2: 职工信息显示
3: 职工信息修改
4: 职工信息删除
4
请输入要删除的职工编号:
1001
根据职工号找到了该职工!
可以删除该职工信息!
删除成功!
是否继续: 1.继续    2.退出
1
请选择要执行的操作:
1: 职工信息添加
2: 职工信息显示
3: 职工信息修改
4: 职工信息删除
2
工号      姓名    性别    部门      身份证号              电话
1002     刘丽    女      电子系    32028        25      139        16
```

图 7-15   删除职工信息

工作任务 12   使用集合类（Map）查找职工信息

1. 任务描述

本任务实现职工信息的添加、显示、修改、删除功能，并能按不同的条件进行查询。

7-15
工作任务 12

2. 相关知识

本任务的实现，需要理解 Map 接口的概念，并能熟练使用 Map 接口。

3. 任务设计

（1）接口和类设计

1）设计职工信息管理接口，编写判断职工是否存在、添加职工信息、显示所有职工信息、修改职工信息、删除职工信息 5 个抽象方法，并且编写按职工编号、姓名、部门查询职工信息的若干抽象方法。

2）实现职工信息管理接口，并实现其中的抽象方法；同时定义 Map 对象，用于存放职工信息。

（2）主程序

1）定义键盘接收职工信息的方法。

2）编写主程序，实现职工信息的添加、删除、显示、修改功能，并实现按条件查询功能。

4. 任务实施

1）将任务 11 的 EmployeeDao 类和 TestCollection 类复制到任务 12，如任务 9。

2）在 EmployeeDao.java 中，添加查找职工信息的抽象方法。

　　//按职工姓名或部门查找职工信息

```java
        public List searchEmployee(String condition,String conditionValue);
```

3）新建 EmployeeDaoMapImpl 类，源程序如下。

```java
import java.util.ArrayList;
import java.util.Collection;
import java.util.HashMap;
import java.util.Iterator;
import java.util.List;
import java.util.Map;
import java.util.Set;
import task6.Employee;
public class EmployeeDaoMapImpl implements EmployeeDao {
    Map<String, Employee> map;
    public Map getMap() {
        return map;
    }
    public void setMap(Map map) {
        this.map = map;
    }
    public EmployeeDaoMapImpl() {
        map = new HashMap();
    }
    public boolean isExist(Employee e) {
        boolean flag = false;
        if (map.containsKey(e.getId())) {
            flag = true;
        }
        return flag;
    }
    public boolean insertEmployee(Employee e) {
        map.put(e.getId(), e);
        return true;
    }
    public void showAll() {
        Collection list = map.values();
        Iterator it = list.iterator();
        System.out.println("工号\t 姓名\t 性别\t 部门\t\t 身份证号\t\t\t 电话");
        while (it.hasNext()) {
            Employee e = (Employee) it.next();
            System.out.println(e.getId() + "\t" + e.getName() + "\t"
                    + e.getSex() + "\t" + e.getDepartment() + "\t"
                    + e.getCardID() + "\t" + e.getPhone());
        }
    }
    public Employee selectById(String sid) {
        Employee e = null;
        e = (Employee) map.get(sid);
        return e;
    }
    public boolean updateEmployee(String sid, Employee e) {
        boolean flag = false;
        if (this.selectById(sid) != null) {
```

```
                map.put(sid, e);
                flag = true;
            }
            return flag;
        }
        public boolean deleteEmployee(String sid) {
            boolean flag = false;
            Employee oldemp = this.selectById(sid);
            if (oldemp != null) {
                map.remove(oldemp.getId());
                flag = true;
            }
            return flag;
        }
        public List searchEmployee(String condition, String conditionValue) {
            List list = new ArrayList();
            Collection list1 = map.values();
            Iterator it = list1.iterator();
            while (it.hasNext()) {
                // 根据条件获取职工信息：职工编号、职工名称、职工性别等
                Employee e = (Employee) it.next();
                if (condition.equals("name") && conditionValue.equals(e.getName())) {
                    list.add(e);
                } else if (condition.equals("department")
                        && conditionValue.equals(e.getDepartment())) {
                    list.add(e);
                } else if (condition.equals("sex")
                        && conditionValue.equals(e.getSex() + "")) {
                    list.add(e);
                }
            }
            return list;
        }
    }
```

4）修改 TestCollection.java 类。

① 定义数据成员：EmployeeDaoMapImpl edc = **new** EmployeeDaoMapImpl();。

② 添加按职工姓名查询、按职工部门查询、按职工性别查询及显示查询结果的方法。

```
    // 按职工姓名查询
    public void getEmployeeByName() {
        System.out.println("请输入需查询的职工姓名：");
        Scanner sc = new Scanner(System.in);
        String name = sc.next();
        List list = edc.searchEmployee("name", name);
        if (list.size()==0) {
            System.out.println("对不起，没有合适的职工信息！");
        } else {
            showList(list);
        }
    }
    // 按职工部门查询
```

```java
public void getEmployeeByDepartment() {
    System.out.println("请输入需查询职工的部门：");
    Scanner sc = new Scanner(System.in);
    String department = sc.next();
    List list = edc.searchEmployee("department", department);
    if (list.size==0) {
        System.out.println("对不起，没有合适的职工信息！");
    } else {
        showList(list);
    }
}
// 按职工性别查询
public void getEmployeeBySex() {
    System.out.println("请输入需查询职工的性别：");
    Scanner sc = new Scanner(System.in);
    String sex = sc.next();
    List list = edc.searchEmployee("sex", sex);
    if (list.size==0) {
        System.out.println("对不起，没有合适的职工信息！");
    } else {
        showList(list);
    }
}
// 显示查询出的职工信息
public void showList(List list) {
    Iterator it = list.iterator();
    System.out.println("工号\t 姓名\t 性别\t 部门\t 身份证号\t\t\t 电话");
    while (it.hasNext()) {
        Employee e = (Employee) it.next();
        System.out.println(e.getId() + "\t" + e.getName() + "\t"
            + e.getSex() + "\t" + e.getDepartment() + "\t" + e.getCardID()
            + "\t" + e.getPhone());
    }
}
```

③ 在主程序中添加代码。

➤ 在主界面添加删除信息的选项。

```java
System.out.println("职工信息查询：");
System.out.println("5：按姓名查询");
System.out.println("6：按部门查询");
System.out.println("7：按性别查询");
```

➤ 在 switch 语句中，添加处理删除职工信息的处理程序。

```java
case 5:tc.getEmployeeByName();break;
case 6:tc.getEmployeeByDepartment();break;
case 7:tc.getEmployeeBySex();break;
```

5. 运行结果

由于本工作任务实现的功能较多，这里仅测试部分查询功能，其中添加、修改、删除操作过程并不在这里显示出来。当前有 3 条职工信息的记录，通过按性别"男"查询得到两条记录，程序运行结果如图 7-16 所示。

6. 任务小结

本任务利用 Map 对象实现了职工信息的添加、删除、显示、修改、功能，并能实现按条件查询；设计了职工信息管理接口，编写判断职工是否存在和添加、显示、修改、删除、条件查询职工信息等抽象方法；设计职工信息管理类，实现职工信息管理接口，并实现其中的抽象方法。

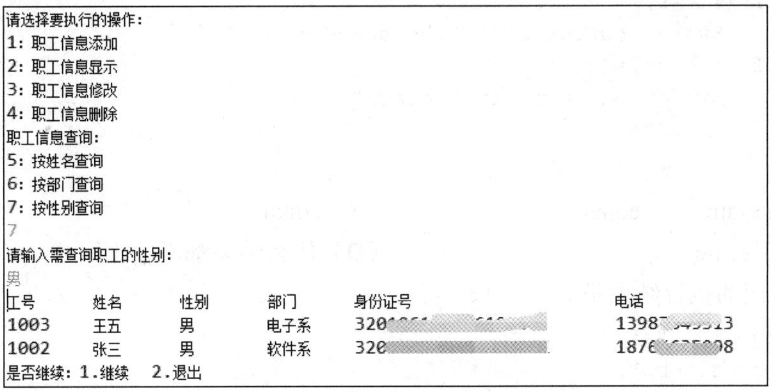

```
请选择要执行的操作：
1：职工信息添加
2：职工信息显示
3：职工信息修改
4：职工信息删除
职工信息查询：
5：按姓名查询
6：按部门查询
7：按性别查询
7
请输入需查询职工的性别：
男
工号       姓名       性别       部门       身份证号                          电话
1003      王五       男         电子系     320    61     610          1398   49313
1002      张三       男         软件系     320                         1876   25098
是否继续：1.继续    2.退出
```

图 7-16　职工信息条件查询

【本章小结】

本章介绍了常用的工具类，同时介绍了 Java 中最常使用的容器类。利用工具类实现了职工信息添加时的数据检验功能；利用 Collection 接口实现了职工信息的添加与查询功能；利用 List 接口实现了职工信息的修改功能；利用 Set 接口实现了职工信息的删除功能；利用 Map 容器实现了职工信息的查找功能。

【习题 7】

一、选择题

1. 已知如下定义：String s = "story"；下面语句中，（　　）不是合法的。

　（A）s += "books";　　　　　　　　（B）s = s + 100;

　（C）**int** len = s.length;　　　　　　（D）String t = s + "abc";

2. 应用程序的 main 方法中有以下语句，则输出的结果是（　　）。

```
String s = "xxxxxxxxxxxxxxx#123#456#zzzzz";
int n = s.indexOf("#");
int k = s.indexOf("#", n+1);
String s2 = s.substring(n+1, k);
System.out.println(s2);
```

　（A）123456　　　　　（B）123　　　（C）xxxxxxxxxxxxxxx　　　（D）zzzzz

3. 下列代码的执行结果是（   ）。

```java
public class Test {
    public static void main(String[] args) {
        String s = "abcd";
        String s1 = new String(s);
    if (s1==s)
        System.out.println("the same");
    if (s.equals(s1))
        System.out.println("equals");
    }
}
```

（A）the same   equals
（B）equals
（C）the same
（D）什么结果都不输出

4. 下列代码的执行结果是（   ）。

```java
String s1 = "aaa";
s1.concat("bbb");
System.out.println(s1);
```

（A）输出字符串 "aaa"
（B）输出字符串 "aaabbb"
（C）输出字符串 "bbbaaa"
（D）输出字符串 "bbb"

5. 实现了 Set 接口的类是（   ）。

（A）ArrayList   （B）HashTable   （C）HashSet   （D）Collection

二、填空题

1. 一个集合就是存储一组对象的容器，Java 集合框架支持_____和_____两种类型的集合。

2. _____中的每个对象都由一个特殊的"键-值"对组成。键对象不能重复，值对象可以重复。

3. 在程序开发中，经常需要遍历集合中的所有元素。针对这种需求，JDK 专门提供了一个接口_____。

4. List 是一个接口，它的实现有多种，最常用的是_____和_____。

5. Set 接口的实现有多种，最常用的是_____和_____。

三、简答题

1. 简述集合容器的分类。
2. 简述 Iterator 接口中的主要方法。
3. 简述 Set 接口和 List 接口的差异。

四、编程题

创建一个 Book 包，里面包含第 5 章编写的 Book 类，设计一个管理个人藏书的 IMyBook 接口，包含添加藏书、根据书名查找藏书、根据作者查找藏书、计算藏书总数和计算藏书总金额的抽象方法。分别用 List、Set、Map 这 3 种接口编写 MyBookList、MyBookSet 和 MyBookMap 类管理 Book 类，实现 IMyBook 中的抽象方法。编写 BookTest 类进行测试。

```java
package chap07.book;
```

```
import java.util.List;
import chap05.Book;

public interface IMyBook {
    public void add(Book book);
    public Book findByTitle(String title);
    public List<Book> findByAuthor(String author);
    public float totalAmount();
    public int bookCount();
}
```

第8章　异常处理

【引例描述】

➤ 问题提出

在操作职工工资管理系统时，可能会出现操作失误，如输入的手机号码位数不对、年龄输入了非数值型数据等，如何对这些误操作进行处理以保证用户较好的使用体验？

➤ 解决方案

本章主要介绍 Java 语言中异常的基本概念及处理，如何捕获异常和声明抛出异常，并讨论自定义异常的定义和使用。

通过本章的学习，读者可掌握异常的基本概念，了解 Java 异常的层次结构，掌握异常的处理机制和处理方法，掌握异常抛出机制，了解自定义异常的方法，综合运用异常处理实现职工数据的校验任务。

【知识储备】

8.1　Java 异常简介

在 Java 程序设计和执行过程中，不可避免会出现各种各样的错误。尽管 Java 语言的设计从根本上提供了便于写出整洁、安全的代码的方法，并且程序员也尽量地减少错误，但使程序被迫停止的错误仍然不可避免地存在。为了能够及时、有效地处理程序中的运行错误，Java 中引入了异常和异常类，并提供了丰富的处理出错与异常的机制。

8.1.1　Java 异常

在程序执行期间，会有许多意外的事件发生，如除数为 0、数组下标越界、在指定的磁盘上打开不存在的文件等。上述的状态在程序编译时无法发现，等到程序运行时才会出现问题。针对这些情况，只要编写一些额外的代码即可处理它们，使得程序继续运行。Java 把这些意外的事件称为异常（Exception），处理异常的过程称为异常处理。

对于一个实用的程序来说，处理异常的能力是一个不可缺少的组成部分，它的目的是保证程序在出现异常时仍然能够继续执行。

8.1.2　常见的异常

8-1
几种常见的
异常

1. 算术异常 ArithmeticException

【例 8.1】 Java 系统对除数为 0 异常的处理。

```java
public class ExceptionDemo1 {
    public static void main(String[] args) {
        int a = 0;
        int b = 8 / a;                  // 除数为 0
    }
}
```

程序运行时产生下列错误信息：

```
Exception in thread "main" java.lang.ArithmeticException: / by zero
        at Ch08.ExceptionDemo1.main(ExceptionDemo1.java:6)
```

错误的原因在于除数为 0。由于程序中未对异常进行处理，因此 Java 发现这个错误之后，由系统抛出 ArithmeticException 类的异常，用来表明错误的原因，并终止程序运行。

2. 数组下标越界异常 ArrayIndexOutOfBoundsException

【例 8.2】 Java 系统对数组下标越界异常的处理。

```java
public class ExceptionDemo2 {
    public static void main(String[] args) {
        int arr[] = new int[5];
        arr[5]= 10 ;                    // 数组下标越界
        System.out.println("Exception Demo");
    }
}
```

程序运行时产生下列错误信息：

```
Exception in thread "main" java.lang.ArrayIndexOutOfBoundsException: 5
        at Ch08.ExceptionDemo2.main(ExceptionDemo2.java:7)
```

错误的原因在于数组的下标超出了容许的范围。Java 发现这个错误之后，由系统抛出 ArrayIndexOutOfBoundsException 类的异常，用来表明出错的原因，并终止程序的执行。事实上，如果把这一长串英文拆解开来，就是"数组下标超过边界的异常"。

8.1.3 常见的异常类列表

Java 定义了很多异常类。每个异常类都对应一种特定的运行错误，异常类中包含了该运行错误的信息和处理错误的方法等内容。异常对象即类的实例。

8-2
常见的异常类列表

所有的异常类都直接或间接地继承类 Throwable，Throwable 的分类层次和继承结构如图 8-1 所示。

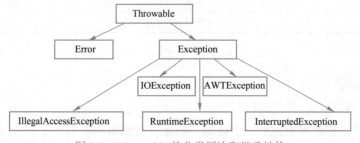

图 8-1 Throwable 的分类层次和继承结构

从图中可以看出，Throwable 类有两个直接子类 Error 和 Exception。其中，Error 类代表的是程序中产生的错误，Exception 类代表的是程序中产生的异常。

Error 类称为错误类，它表示 Java 运行时产生的系统内部错误或资源耗尽的错误，属于比较严重的错误。它由系统保留，程序不能抛出这种类型的对象，即 Error 类的对象不可捕获、不可恢复，出错时系统会终止程序运行并通知用户。

Exception 类称为异常类，它表示程序本身可以处理的错误。在开发 Java 程序中进行的异常处理都是针对 Exception 类及其子类的。在 Exception 类的子类中，有一个特殊的 RuntimeException 类，该类及其子类用于表示运行时异常。Exception 类的其他子类都用于表示非运行时异常。

1. 运行时异常

运行时异常表示的是 Java 程序运行时发现的由 Java 虚拟机抛出的各种异常。这些异常通常对应着系统运行错误，如除数为 0 异常、数组下标越界异常等。表 8-1 列出了常见的运行时异常类。

表 8-1　常见的运行时异常类

异常类	异常类说明
ArithmeticExecption	算术异常类
NullPointerException	空指针异常类
ArrayIndexOutOfBoundsException	数组下标越界异常类
ClassCastException	类型强制转换异常类
IllegalArgumentException	传递非法参数异常类

2. 非运行时异常

非运行时异常是由 Java 编译器在编译时检测到的、在方法执行过程中可能会发生的异常。此类异常必须明确地加以处理，否则程序就无法通过编译。RuntimeException 类及其子类之外的异常类都是非运行时异常类。表 8-2 列出了几种常见的非运行时异常类。

表 8-2　常见的非运行时异常类

异常类	异常类说明
IOException	输入/输出异常
SQLException	操作数据库异常
IllegalAccessException	非法访问异常
ClassNotFoundException	指定类或接口不存在的异常
Protocol Exception	网络协议异常
Socket Exception	Socket 操作异常

8.2　异常机制

当 Java 程序运行过程中发生一个可识别的运行错误时，即有一个异常类与该错误相对应时，系统会产生一个该异常类的对象。一旦产生异常对象，系统中就会有相应机制来处理它，从而保证整个程序运行的安全性。

在 Java 应用程序中，异常处理机制包括抛出异常和捕获异常。实现异常处理机制通过 5 个关键字：try、catch、throw、throws 和 finally。

通过用 try 来执行一段程序，如果出现异常，系统会抛出（throw）一个异常，这时就可以通过相应的类型来捕获（catch）它，或最后（finally）由默认处理器来处理。

8.2.1 捕获异常

程序运行过程中，当一个异常被抛出时，识别这个被抛出的异常对象并查找处理它的方法的过程称为捕获异常。异常的捕获与处理是同时定义的，两个操作密不可分。

8-3
捕获异常

1. try…catch 语句

在 Java 程序中，异常的捕获与处理是用 try…catch 语句来实现的，一般定义格式如下：

```
try{
                // 可能抛出异常的语句块
}catch(异常类型 对象名){
                // 异常处理语句块
}
```

通常把可能产生异常情况的语句放在 try 语句块中，这个语句块用来启动 Java 的异常处理机制。catch 语句则负责对产生的异常对象进行识别，一旦该异常对象与 catch 子句中的异常类型相匹配，就执行 catch 之后的代码来进行异常处理。

【例 8.3】 try…catch 使用示例。

```java
public class ExceptionDemo3 {
    public static void main(String[] args) {
        int a = 0;
        try{
            int b = 8 / a;              // 除数为 0
            System.out.println("本行将来会被显示.");
        }catch(ArithmeticException e){
            System.out.println("算术异常，异常信息是：" + e.getMessage());
        }
    }
}
```

上述语句中，try 语句块中包含了可能抛出 ArithmeticException 异常的语句，catch 语句块则专门用来捕获并处理这类异常。

2. 多个 catch 语句

由于一个 try 语句可能会抛出一个或多个异常，一个 try 语句可以有多个 catch 语句块，每个 catch 语句块用来识别和处理一种特定类型的异常对象，它们必须紧跟在 try 语句块之后，catch 语句块之间也不能有任何其他代码，具体格式如下：

```
try{
                // 可能抛出异常的语句块
}catch(异常类型 1 对象名 1){
```

```
                        // 异常处理语句块
    }catch(异常类型 2 对象名 2){
                        // 异常处理语句块
    }
    …
    catch(异常类型 n 对象名 n){
                        // 异常处理语句块
    }
```

在上述语句中，如果 try 语句块产生的异常对象被第 1 个 catch 语句块所捕获，则程序的流程将直接跳转到这个 catch 语句块中，处理完毕后就退出整个 try…catch 结构，其他 catch 语句块将被忽略。如果 try 语句块产生的异常对象与第 1 个 catch 语句块不匹配，则自动转到第 2 个 catch 语句块进行比对，以此类推。如果所有的 catch 语句块都无法捕获该异常对象，则由 Java 运行系统来处理这个异常对象。

3．try…catch…finally 语句

finally 子句需要与 try…catch 语句一同使用，不管程序中有无异常发生，也不管之前的 "try…catch" 是否被顺利执行完毕，只要虚拟机未停止，最终都会执行 finally 语句块中的代码。这样可以保证一些步骤能被执行，通常是清除内部工作状态或释放其他相关系统资源等。try…catch…finally 语句的格式如下：

```
    try{
                        // 可能抛出异常的语句块
    }catch(异常类型 对象名){
                        // 异常处理语句块
    }finally{
                        // finally 处理语句块
    }
```

【例 8.4】　try…catch…finally 使用示例。

```
public class ExceptionDemo4 {
    public static void main(String[] args) {
        int []a = {2,1,0};
        try{
            System.out.println( 8/a[1] );          // 正常执行
            System.out.println( 8/a[2] );          // 除数为 0
            System.out.println( 8/a[3] );          // 数组下标越界
        }catch(ArithmeticException e){
            System.out.println("算术异常，异常信息是：" + e.getMessage());
        }catch(ArrayIndexOutOfBoundsException  e){
            System.out.println("数组下标越界，引用了" + e.getMessage());
        }finally{
            System.out.println("释放资源"  );
        }
    }
}
```

程序运行结果如图 8-2 所示。

try…catch…finally 语句的执行情况可以细分为 3 种。

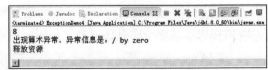

图 8-2　try…catch…finally 语句执行结果

① 如果 try 语句块没有抛出异常，则执行完 try 语句块后直接执行 finally 语句块。

② 如果 try 语句块抛出异常并被 catch 子句捕获，则在抛出异常的地方终止 try 语句块的执行，转而执行相匹配的 catch 语句块，最后执行 finally 语句块。

③ 如果 try 语句块抛出的异常没有被 catch 子句捕获，则将直接执行 finally 语句块，并把该异常传递给该方法的调用者。

8.2.2 使用 throw 抛出异常

除了使用 try…catch 语句捕获及处理 Java 运行时系统出现的异常，还可以在程序中主动抛出异常或声明异常。

8-4
使用 throw 抛出异常

在一个方法的运行过程中如果发生了异常，该方法生成一个相应异常类的对象，并把它提交给运行系统，这个过程称为抛出一个异常。通常如果程序出现运行错误，系统会自动抛出异常，但也允许程序通过语句主动抛出异常，这些异常对象必须是 Throwable 类其子类的实例。Java 程序使用 throw 语句自行抛出异常。throw 语句抛出的不是异常类，而是一个异常对象，并且每次只能抛出一个异常对象。其语法格式如下：

```
throw 异常对象名
```

执行 throw 语句时，程序会立即终止它后面语句的执行，直接寻找与之匹配的 catch 子句，执行相应的异常处理程序，throw 后面的所有语句都将被忽略。

【例 8.5】 使用 throw 抛出异常示例。

```java
public class ExceptionDemo5 {
    public static void main(String[] args) {
        try{
            throw new NullPointerException("抛出异常示例");
        }catch(NullPointerException e){
            System.out.println("捕获到异常: "+e.getMessage());
        }
    }
}
```

执行结果：

捕获到异常：抛出异常示例

从例子中可以看出，使用 throw 抛出异常首先应指定或定义一个合适的异常类，并产生这个类的一个对象，然后抛出这个异常对象。

当 catch 语句捕获到异常之后，可以利用 throw 重新抛出此异常，以便让稍后的其他 catch 子句处理该异常，或由上一级方法处理该异常。

8.2.3 使用 throws 声明抛出异常

8-5
使用 throws 声明抛出异常

在声明一个方法时，该方法可能会发生异常，若不想在当前方法中处理这个异常，那么可以将该异常抛出，然后在调用该方法的代码中捕获该异常并进行处理。使用 throws 声明抛出异常的基本形式如下：

```
返回类型 方法名(参数列表) throws 异常类型列表 {
        // 方法体
}
```

throws 子句中列举了一个方法可能抛出的所有异常类型，它们之间用逗号分隔。这些异常类型可以扩展自任何异常类型。在实际应用中，如果是 Error 或 RuntimeException 及其子类的异常，不需要在异常列表中指定，而其他类型的异常必须进行指定，否则会产生编译时错误。

【例 8.6】 使用 throws 语句抛出异常示例。

```java
public class ExceptionDemo6 {
    private String Arr [] = {"12","3",null};
    public static void main(String[] args) {
        try{
            ExceptionDemo6 demo = new ExceptionDemo6();
            demo.test(0);
            demo.test(2);
        }catch(NullPointerException e){
            System.out.println("空指针异常"+e.toString());
        }
    }

    public void test(int index) throws NullPointerException{
        System.out.println("Arr["+index+"]长度:"+Arr[index].length() );
    }
}
```

程序运行结果如图 8-3 所示。

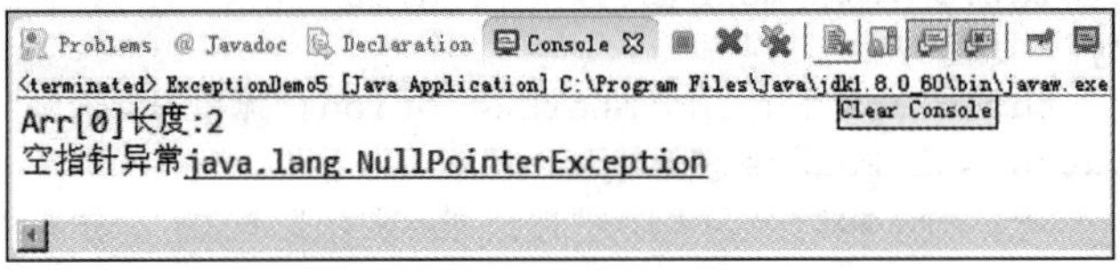

图 8-3　使用 throws 声明抛出异常

8.3 自定义异常类

尽管 Java 预定义了可以处理的大多数常见错误的异常类，但在实际应用中，如果在某类操作中可能产生一个问题，该问题并不适合用任何标准的异常情况来描述，这时候就要求编程人员自己来创建异常类，即自定义异常类。自定义异常类使程序中产生的某些特殊逻辑错误能够及时被系统识别并处理，从而使程序有更好的容错性，整个系统也更加安全稳定。

8-6
自定义异常类

自定义异常类通常继承 Exception 类及其子类，声明自定义异常类的格式如下：

```
class 类名  extends 异常父类名 {
        // 类的定义
```

```
}
```

自定义异常类的使用分为 3 个步骤：①创建自定义异常类；②在出现异常处抛出异常，所在的方法需要声明抛出异常；③在处理异常处捕获并处理异常。

【例 8.7】 自定义异常类示例。

1）创建 ScoreException 异常类，它必须继承 Exception 类，其代码如下。

```java
class ScoreException extends Exception {      // 自定义异常类
    public ScoreException(String message) {
        super(message);                       // 调用 Exception 类的构造方法
    }
}
```

2）创建 Example 类，在 Example 类中创建一个 readScore()方法，该方法用于从键盘处获取成绩并检查数值是否在 0~100 之间，若超出该范围，则抛出 ScoreException 异常。

```java
import java.util.Scanner;
class Example{
    public static int readScore() throws ScoreException {  // 声明抛出自定义异常
        Scanner sc = new Scanner(System.in);
        System.out.print("请输入 0~100 的成绩");
        int i = sc.nextInt();
        if (i < 0) {
            throw new ScoreException("成绩不能小于 0。");  // 抛出自定义异常
        }
        if (i > 100) {
            throw new ScoreException("成绩不能大于 100。"); // 抛出自定义异常
        }
        return i;
    }
}
```

3）在主程序中捕获自定义异常，并做相应处理，其代码如下。

```java
public class ExceptionDemo7 {
    public static void main(String[] args) {
        int i = -1;
        try {
            i = Example.readScore();
            System.out.println(i);
        } catch (ScoreException e) {
            System.out.println(e.getMessage());
        }
    }
}
```

程序运行结果如图 8-4 所示。

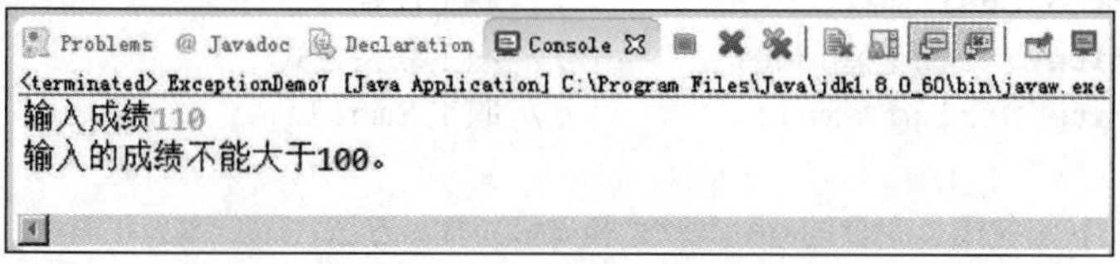

图 8-4 用自定义异常检查输入的成绩

【任务实现】

| 工作任务 13 | 添加职工信息数据校验并提示校验结果 |

1. 任务描述

本任务在前面已经实现职工信息添加功能的基础上，对输入姓名的字符个数、性别、电话、身份证号填写内容和邮箱格式进行检查，并利用自定义异常处理机制对发现的异常进行处理。

2. 相关知识

本任务的实现，需要掌握异常处理的概念与使用、自定义异常处理。

8-7
工作任务 13

3. 项目设计

类设计：

1）编写职工类。

2）编写自定义异常处理类。

3）编写主程序，通过键盘接收职工信息。

4. 任务实施

程序代码如下：

```java
package task13;
public class ValidatorException extends Exception{
    public ValidatorException(String msg){
        super(msg);
    }
}
package task13;
import java.util.GregorianCalendar;
import java.util.regex.Matcher;
import java.util.regex.Pattern;
public class Employee {
    private String id;          // 职工编号
    private String name;        // 职工姓名
    private String department;  // 职工所属部门
    private String cardID;      // 职工身份证号
    private char sex;           // 职工性别
    private String phone;       // 职工联系方式
    private String email;       // 职工 Email

    // 以下为各成员变量的 getters 和 setters 方法
    public String getId() {
        return id;
```

```java
    }
    public void setId(String id) {
        this.id = id;
    }
    public String getName() {
        return name;
    }
    public void setName(String name) throws ValidatorException {
        if(name.length()<2 || name.length()>4){
            this.name = null;
            throw new ValidatorException("姓名的长度不符合要求.");
        }
        this.name = name;
    }
    public String getDepartment() {
        return department;
    }
    public void setDepartment(String department) {
        this.department = department;
    }
    public String getCardID() {
        return cardID;
    }
    public void setCardID(String cardID) throws ValidatorException {
        if (cardID.length()== 18) {
            String yearStr = cardID.substring(6, 10);
            String monthStr = cardID.substring(10, 12);
            String dayStr = cardID.substring(12, 14);
            // 判断身份证中的年、月、日是否正确
            if (!checkDate(yearStr, monthStr, dayStr)) {
                this.cardID = null;
                throw new ValidatorException("您输入的身份证号码不正确！");
            }
        } else {
            this.cardID = null;
            throw new ValidatorException("您输入的身份证号码长度不对！");
        }
        this.cardID = cardID;
    }
    public char getSex() {
        return sex;
    }
    public void setSex(char sex) throws ValidatorException {
        if (sex != '男' && sex != '女') {
            throw new ValidatorException("您输入的性别不正确，请输入"男"或者"女"");
        }
        this.sex = sex;
    }
```

```java
    public String getPhone() {
        return phone;
    }
    public void setPhone(String phone) {
        try {
            long p = Long.parseLong(phone);
            this.phone = phone;
        } catch (Exception e) {
            System.out.println("电话号码需输入数值！");
        }
    }
    public String getEmail() {
        return email;
    }
    public void setEmail(String email) throws ValidatorException {
        String check = "^[A-Za-z0-9]+([-_.][A-Za-z0-9]+)*@([A-Za-z0-9]+[-.])+[A-Za-zd]{2,5}$";
        Pattern p = Pattern.compile(check);
        Matcher matcher = p.matcher(email);
        if (!matcher.matches()) {
            this.email = null;
            throw new ValidatorException("您输入的 email 格式不正确！");
        }
        this.email = email;
    }
    // 有参的构造方法
    public Employee(String id, String name, String department, String cardID,
            char sex, String phone, String email) {
        super();
        this.id = id;
        this.name = name;
        this.department = department;
        this.cardID = cardID;
        this.sex = sex;
        this.phone = phone;
        this.email = email;
    }
    // 无参的构造方法
    public Employee() {
    }
    // 显示职工信息的方法
    public void showEmployee() {
        System.out.println("职工编号：" + id + "，职工姓名：" + name + "，职工部门："
                + department + "，职工身份证号：" + cardID + "，职工性别：" + sex
                + "，职工电话："
                + phone + "，邮箱：" + email);
    }
```

```java
// 检查身份证号码中的年、月、日是否合法
public boolean checkDate(String yearStr, String monthStr, String dayStr) {
    boolean flag = true;
    // 判断年份是否在 1920—2000 年之间
    int year = Integer.parseInt(yearStr);
    System.out.println("year=" + year);
    if (year < 1920 || year > 2000) {
        System.out.println("您输入的年份不正确！");
        flag = false;
    }
    // 判断月份是否合法
    char c = monthStr.charAt(0);
    if (c == '0') { // 如果月份小于 10，去掉 0
        monthStr = monthStr.substring(1);
    }
    int month = Integer.parseInt(monthStr);
    System.out.println("month=" + month);
    if (month < 1 || month > 12) {
        System.out.println("您输入的月份不正确！");
        flag = false;
    }
    // 判断日期是否合法
    char d = dayStr.charAt(0);
    if (d == '0') { // 如果日期小于 10，去掉 0
        dayStr = dayStr.substring(1);
    }
    int day = Integer.parseInt(dayStr);
    System.out.println("day=" + day);
    GregorianCalendar gc = new GregorianCalendar(year, month, day);
    // 判断是否是闰年
    boolean isLeap = gc.isLeapYear(year);
    // 月份是 1、3、5、7、8、10、12，day 在 1~31 之间
    if (month == 1 || month == 3 || month == 5 || month == 7 || month == 8
            || month == 10 || month == 12) {
        if (day < 1 || day > 31) {
            System.out.println("您输入的日期不正确！");
            flag = false;
        }
    }
    // 月份 month 是 2、4、6、9、11，日期 day 在 1~30 之间
    if (month == 4 || month == 6 || month == 9 || month == 11) {
        if (day < 1 || day > 30) {
            System.out.println("您输入的日期不正确！");
            flag = false;
        }
    }
    // 不是闰年的 2 月时，day 在 1~28 之间
    if (!isLeap && month == 2) {
        if (day < 1 || day > 28) {
            System.out.println("您输入的日期不正确！");
            flag = false;
```

```java
        }
    }
    // 是闰年的 2 月时，day 在 1~29 之间
    if (isLeap && month == 2) {
        if (day < 1 || day > 29) {
            System.out.println("您输入的日期不正确！");
            flag = false;
        }
    }
    return flag;
}
}
package task13;
import java.util.Scanner;
public class TestEmployee {
    public static void main(String[] args) {
        Employee e = new Employee();
        // 通过 Scanner 对象获得职工信息
        Scanner sc = new Scanner(System.in);
        System.out.println("请输入职工编号：");
        String id = sc.next();
        e.setId(id);

        System.out.println("请输入职工姓名：");
        String name = sc.next();
        try {
            e.setName(name);
        } catch (ValidatorException e2) {
            System.out.println(e2.getMessage());
        }

        System.out.println("请输入职工所在部门：");
        String department = sc.next();
        e.setDepartment(department);

        System.out.println("请输入职工性别：");
        char sex = sc.next().charAt(0);
        try {
            e.setSex(sex);
        } catch (ValidatorException e1) {
            System.out.println(e1.getMessage());
        }

        System.out.println("请输入职工电话：");
        String phone = sc.next();
        e.setPhone(phone);

        System.out.println("请输入职工身份证号：");
```

```
        String cardID = sc.next();
        try {
            e.setCardID(cardID);
        } catch (ValidatorException e1) {
            System.out.println(e1.getMessage());
        }

        System.out.println("请输入职工邮箱: ");
        String email = sc.next();
        try {
            e.setEmail(email);
        } catch (ValidatorException e1) {
            System.out.println(e1.getMessage());
        }
        e.showEmployee();
    }
}
```

5. 运行结果

程序运行结果如图 8-5 所示。

请输入职工编号:
1001
请输入职工姓名:
章
姓名的长度不符合要求。
请输入职工所在部门:
软件系
请输入职工性别:
男
请输入职工电话:
13□□□□□□321
请输入职工身份证号:
320□□□19881325□□□□
year=1988
month=13
您输入的月份不正确!
day=25
您输入的身份证号码不正确!
请输入职工邮箱:
q
您输入的email格式不正确!
职工编号: 1001, 职工姓名: null, 职工部门: 软件系, 职工身份证号: null, 职工性别: 男, 职工电话: 13965743321, 邮箱: null

图 8-5　异常处理示例运行结果

6. 任务小结

本任务实现了职工信息的添加功能，并对输入的姓名、性别、身份证号、电话和邮箱进行检查，检查发现异常时，利用自定义异常类进行处理。

【本章小结】

本章介绍了异常的概念及异常的处理，捕获异常和声明抛出异常，并着重讨论了自定义异常的使用。通过本章的学习，读者能够理解 Java 语言的异常处理机制，对异常采取正确的处理（捕获异常和声明抛出异常），并能够实现自定义异常的声明与使用。

【习题 8】

一、选择题

1. 异常包含下列哪些内容? (　　　)
   (A) 程序执行过程中遇到的事先没有预料到的情况
   (B) 程序中的语法错误
   (C) 程序的编译错误
   (D) 以上都是

2. Java 中用来抛出异常的关键字是 (　　　)。
   (A) try　　　　　(B) catch　　　　(C) throw　　　　(D) finally

3. 关于异常，下列说法正确的是 (　　　)。
   (A) 异常是一种对象
   (B) 一旦程序运行，异常将被创建
   (C) 为了保证程序运行速度，要尽量避免异常控制
   (D) 以上说法都不对

4. (　　　) 类是所有异常类的父类。
   (A) Throwable　　(B) Error　　(C) Exception　　(D) AWTError

5. Java 语言中，下列 (　　　) 是异常处理的出口。
   (A) try{ }子句　　　　　　　　(B) catch{ }子句
   (C) finally{ }子句　　　　　　(D) 以上说法都不对

6. 对于 catch 子句的排列，下列说法正确的是 (　　　)。
   (A) 父类在先，子类在后
   (B) 子类在先，父类在后
   (C) 有继承关系的异常不能在同一个 try 程序段内
   (D) 先有子类，其他类的顺序无关紧要

7. 在异常处理中，如释放资源、关闭文件、关闭数据库等由 (　　　) 来完成。
   (A) try 子句　　　(B) catch 子句　　(C) finally 子句　　(D) throw 子句

8. 当方法遇到异常又不知如何处理时，会发生 (　　　)。
   (A) 捕获异常　　(B) 抛出异常　　(C) 声明异常　　(D) 嵌套异常

二、填空题

1. Java 把程序运行时出现的意外事件称为＿＿＿＿＿，处理异常的过程称为＿＿＿＿＿。

2. 所有的异常类都直接或间接地继承＿＿＿＿＿类。

3. Throwable 类有两个直接子类：＿＿＿＿＿和＿＿＿＿＿。

4. 运行时异常表示 Java 程序运行时发现的由＿＿＿＿＿＿＿抛出的各种异常，这些异常通常对应着＿＿＿＿＿＿＿。

5. 非运行时异常是由＿＿＿＿＿＿＿在编译时检测到的、在方法执行过程中可能会发生的异常。

6. catch 子句都带一个参数，该参数是某个异常的类及其变量名，catch 用该参数与

_____进行匹配。

7．捕获异常要求在程序的方法中预先声明，在调用方法时用 try…catch…_____语句捕获并处理。

8．按处理方式不同，可以将异常分为运行异常、捕获异常、声明异常和_____几种。

9．抛出异常的程序代码可以是_____或者是 JDK 中的某个类，还可以是 JVM。

10．对程序语言而言，一般有编译错误和_____错误两类。

三、简答题

1．异常处理的方式有哪两种？

2．简述创建自定义异常的步骤。

四、编程题

1．对下述代码进行异常处理：

```java
public class ExceptionDemo {
    public static void main(String[] args) {
        int a=2,b=0;
        System.out.println("This is an exception. " + a/b);
        System.out.println("Finished");
    }
}
```

2．用户自定义异常练习。

（1）创建 AgeException 异常类，继承 Exception 类。

（2）创建 Example 类，在 Example 类中创建一个 readAge()方法，该方法用于从键盘处获取年龄并检查年龄是否在 18～22 岁之间，若超出该范围，则抛出 AgeException 异常。

（3）在主程序中捕获自定义异常，并做相应处理。

第 9 章　输入与输出

【引例描述】

> 问题提出

我们知道，存储在数组或集合中的数据，都保存在内存中，一旦退出系统，便会释放存放数据的内存。当职工信息处理好以后，如果希望能将数据保存起来，以便下次访问这些数据。在 Java 程序设计中，如何实现数据的持久化操作呢？

> 解决方案

本章介绍了 I/O 处理的基本概念、输入流与输出流的分类、字节流和字符流的基本操作、文件操作、对象串行化等。

通过本章学习，读者可理解输入/输出流，理解 File 类，掌握文件输入/输出流、字节流与字符流、缓冲输入/输出流等使用方法，实现对文本文件、二进制文件的读写和网络数据传输操作，综合运用文件操作实现职工信息持久化任务。

【知识储备】

9.1　数据流的基本概念

输入/输出是指应用程序与外部设备进行数据交互的操作，包括读取硬盘数据，写入硬盘数据，显示器或打印机等输出数据等。Java 语言的输入/输出是通过数据流的形式实现的。所谓流是指一组有序的数据序列，一个流必须有源端和目的端。当程序需要读取数据时，就会开启一个通向数据源端的流，这个数据源可以是文件、磁盘或网络连接；当程序需要写入数据时，就会开启一个通向数据目的端的流。

9-1
数据流的基本概念

9.1.1　输入/输出流

根据数据流的方向，可以将流分为输入流和输出流。可以将数据流想象成水流，一条管道连接了内存和外设（磁盘文件或打印机），数据就像管道中的水流。从其他设备读取数据，此时流入内存的数据序列就是输入流；从内存写入数据到外部设备的数据序列就是输出流。

9-2
输入输出类

根据数据流中处理的数据，可以将流分为字节流和字符流，其中字节流用来处理没有进行加工的原始数据（即二进制字节数据），字符流是经过编码的符合某种格式规定的数据（即文本文件数据）。

9.1.2 输入/输出类

根据输入/输出流的方向和数据单位,一般将输入/输出流分为字节输入流、字节输出流、字符输入流和字符输出流 4 种,分别用 InputStream、OutputStream、Reader、Writer 这 4 个抽象类来表示,它们都包含在 java.io 包中。

1. 字节输入流

InputStream 类是字节输入流的抽象类,它是所有字节输入流的父类,Java 中存在多个 InputStream 类的派生子类,它们实现了不同的数据输入流,其继承关系如图 9-1 所示。

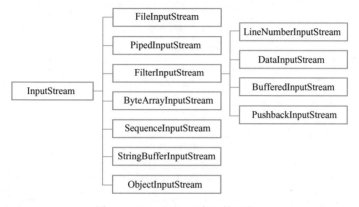

图 9-1   InputStream 类及其子类

2. 字节输出流

OutputStream 类是字节输出流的抽象类,它是所有字节输出流的父类,Java 中存在多个 OutputStream 类的派生子类,它们实现了不同的数据输出流,其继承关系如图 9-2 所示。

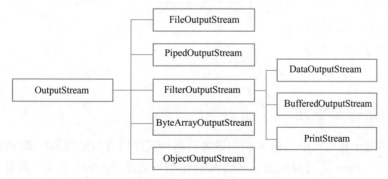

图 9-2   OutputStream 类及其子类

3. 字符输入流

Reader 类是字符输入流的抽象类,它是所有字符输入流的父类,Java 中存在多个 Reader 类的派生子类,它们实现了不同的字符输入流,其继承关系如图 9-3 所示。

4. 字符输出流

Writer 类是字符输出流的抽象类,它是所有字符输出流的父类,Java 中存在多个 Writer 类的派生子类,它们实现了不同的字符输出流,其继承关系如图 9-4 所示。

在这 4 个抽象类中主要定义 read()和 write()方法，通过这两个方法或它们的重载来读写数据。除了上述 4 个抽象类外，Java 中还有一个有关文件处理的类是文件类 File，它用于对文件和目录进行操作与查看。

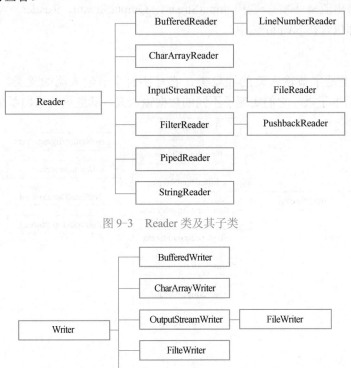

图 9-3　Reader 类及其子类

图 9-4　Writer 类及其子类

9.1.3　标准输入/输出

为了方便使用计算机常用的输入/输出设备，各种高级语言与操作系统都规定了可用的标准的输入/输出格式。Java 语言提供的标准输入/输出被封装在 System 类里，共有 3 个对象（即 in、out 和 err）用于标准输入、标准输出和标准错误输出。

1．标准输入

标准输入中的变量 in 被定义为 public static final InputStream in，一般这个流对应键盘输入，而且已经处于打开状态，可以使用 InputStream 类的 read()和 skip(long n)等方法从输入流中获得数据。

2．标准输出

标准输出中的变量 out 被定义为 public static final PrintStream out，一般这个流对应显示器显示，而且已经处于打开状态，可以使用 PrintStream 类的 print()和 println()等方法来输出数据。

3．标准错误输出

标准输出中的变量 err 被定义为 public static final PrintStream err，一般这个流对应显示器显示，而且已经处于打开状态，可以使用 PrintStream 类的方法来输出数据。

9.2　字节输入/输出流

字节流以字节为单位处理数据，用于操作字节和字节数组。由于字节流不会对数据进行任何转换，因此它适用于处理二进制文件，包括可执行文件（*.exe、*.dll 等）、图像文件（*.gif、*.jpg 等）、特定格式的文件（*.doc、*.pdf 等）等。

9.2.1　文件输入/输出字节流

字节流适用于对二进制文件的操作，它分为字节输入流和字节输出流两类，它们的典型代表类是 FileInputStream（文件输入字节流）和 FileOutputStream（文件输出字节流）。

9–3
文件输入输出
字节流

1．FileInputStream 类

FileInputStream 类是 InputStream 类的子类，它实现了文件的读取，是文件字节输入流。该类适用于比较简单的文件读取，其所有方法都是从 InputStream 类继承并重写的。

（1）FileInputStream 类的构造方法

FileInputStream 类的构造方法有两种常用格式。

➤ 通过文件对象 file 创建一个 FileInputStream 对象。

```
public FileInputStream(File file) throws FileNotFoundException
```

➤ 通过文件 name 创建一个 FileInputStream 对象。

```
public FileInputStream(String name) throws FileNotFoundException
```

对于这两个构造方法，如果指定的文件不存在，或者因为其他原因无法进行文件读取，则会抛出 FileNotFoundException 的异常。

（2）FileInputStream 类的 Read()方法

FileInputStream 类的 Read()方法有两种常用格式。

➤ 从输入流中读取一个数据字节，如果已到达文件末尾，返回-1。

```
public int read() throws IOException
```

➤ 从输入流中将最多 b.length 个字节的数据读入到 byte 数组中，如果已到达文件末尾，返回-1。

```
public int read(byte[] b) throws IOException
```

对于这两个 read()方法，如果读取文件时发生错误，则会抛出IOException异常。

2．FileOutputStream 类

FileOutputStream 类是 OutputStream 类的子类，它实现了文件的写入，是文件字节输出流。

该类适用于以字节形式的文件写入，其所有方法都是从 OutputStream 类继承并重写的。

（1）FileOutputStream 类的构造方法

FileOutputStream 类的构造方法有 4 种常用格式。

➢ 创建一个向 file 文件写入字节数据的 FileOutputStream 对象。

```
public FileOutputStream(File file) throws FileNotFoundException
```

➢ 创建一个向 file 文件写入字节数据的 FileOutputStream 对象，且如果第 2 个参数为 true，则将字节数据追加到文件末尾处，否则将字节数据写入文件开始处覆盖原数据。

```
public FileOutputStream(File file,boolean append) throws FileNotFoundException
```

➢ 创建一个向指定文件中写入字节数据的 FileOutputStream 对象。

```
public FileOutputStream(String name) throws FileNotFoundException
```

➢ 创建一个向指定文件中写入字节数据的 FileOutputStream 对象，且如果第 2 个参数为 true，则将字节数据追加到文件末尾处，否则将字节数据写入文件开始处覆盖原数据。

```
public FileOutputStream(String name,boolean append) throws FileNotFoundException
```

对于这 4 个构造方法，如果指定的文件不存在，或者因为其他原因无法进行文件写入，则会抛出 FileNotFoundException 异常。

（2）FileOutputStream 类的 Write()方法

FileOutputStream 类的 Write()方法有两种常用格式。

➢ 将指定字节写入文件输出流，write 的常规协定是向输出流写入一个字节，要写入的字节是参数 b 的 8 个低位。

```
public void write(int b)throws IOException
```

➢ 将 b.length 个字节从 byte 数组写入文件输出流。

```
public void write(byte[] b) throws IOException
```

对于这两个 write()方法，如果写入文件时发生错误，则会抛出IOException异常。

3．使用文件输入/输出字节流读写数据

使用文件输入/输出字节流从文件读写数据的基本过程如下。

1）导入输入/输出包 import java.io.*。

2）定义输入流或输出流。

3）创建流对象（打开文件）。

4）调用 read()方法进行读操作或调用 write()方法进行写操作。

5）调用 close()方法关闭文件流。

在编写 I/O 处理程序时，还需要处理有关的异常，特别注意将关闭文件流的语句写在 finally 语句块中，从而保证打开的流不论是否出现异常，都能正确关闭。

【例 9.1】 在 E 盘中存在 test.txt 文件，通过字节流方式读取该文件中的数据，并输出到控制台。

```
import java.io.FileInputStream;
```

```java
import java.io.FileNotFoundException;
import java.io.IOException;
public class FileInput {
    public static void main(String[] args) {
        //读取 E 盘 test.txt 中的内容，显示输出
        FileInputStream in = null;
        int b;
        try {
            in = new FileInputStream("E:/test.txt");
            while ((b=in.read())!=-1){
                System.out.print((char)b);
            }
        } catch (FileNotFoundException e) {
            System.out.println("文件没找到");
        } catch (IOException e) {
            System.out.println("输入输出异常");
        }finally{
            if (in!=null){
                try {
                    in.close();
                } catch (IOException e) {
                    System.out.println("文件无法正常关闭");
                }
            }
        }
    }
}
```

9-4
例 9.1 讲解

【例 9.2】 通过字节流读取与写入的方式，实现文件复制的功能（从 E:\source.jpg 文件复制到 E:\target.jpg 文件中）。

9-5
例 9.2 讲解

```java
import java.io.FileInputStream;
import java.io.FileNotFoundException;
import java.io.FileOutputStream;
import java.io.IOException;
public class FileCopy {
    public static void main(String[] args) {
        //读取 E 盘 source.jpg 中的内容，复制到 target.jpg
        FileInputStream fis = null;
        FileOutputStream fos = null;

        byte[] b = new byte[1024];
        try {
            fis = new FileInputStream("E:/source.jpg");
            fos = new FileOutputStream("E:/target.jpg");
            while((fis.read(b))!=-1){
                fos.write(b);
            }
            fos.flush();
        } catch (FileNotFoundException e) {
            System.out.println("文件没找到");
```

```
        } catch (IOException e) {
            System.out.println("输入输出异常");
        }finally{
            if (fis!=null){
                try {
                    fis.close();
                } catch (IOException e) {
                    System.out.println("文件无法正常关闭");
                }
            }
            if (fos!=null){
                try {
                    fos.close();
                } catch (IOException e) {
                    System.out.println("文件无法正常关闭");
                }
            }
        }
        System.out.println("操作完毕");
    }
}
```

注意：例 9.1 采用一次读取一个字节方式，例 9.2 采用一次读取多个字节方式实现了文件的读取和输出。

9.2.2　过滤流

文件输入/输出字节流 FileInputStream 类和 FileOutStream 类只能提供纯字节或字节数组的输入/输出，如果需要进行特殊数据的输入/输出，则需要用到过滤流 FilterInputStream 类和 FilterOutputStream 类中的各种子类。过滤流在输入/输出数据的同时可以对数据进行处理，它像管道中的过滤器，从上游接收数据，经过过滤处理，然后送往下游。过滤流提供了同步机制，使得某一时刻只有一个程序段访问输入/输出流。

过滤流提供了很多增强功能，实现了多样化的数据读/写处理，同时也可简化代码的编写。过滤流有以下几种子类。

9-6
数据字节输入
输出流

1. DataInputStream 类和 DataOutputStream 类

这两个类是二进制数据文件流类，创建的一般过程是：首先建立字节文件流文件，其次在字节文件流的基础上建立数据文件流对象，再使用此对象的相应方法对基本类型数据进行输入/输出。

DataInputStream 类的构造方法是 DataInputStream(InputStream in)，创建输入数据过滤流对象，同时保存数据到 in 对象。

DataOutputStream 类的构造方法是 DataOutputStream(OutputStream out)，创建输出数据过滤流对象，同时写数据到 out 对象。

DataInputStream 类和 DataOutputStream 类可以读/写各种 Java 语言的数据类型，如 int、float、double 等。根据读/写数据的不同类型，可以使用不同的方法，如表 9-1 所示。

表 9-1 **DataInputStream 类和 DataOutputStream 类的常用方法**

数 据 类 型	DataInputStream 类	DataOutputStream 类
char	readChar	writeChar
boolean	readBoolean	writeBoolean
byte	readByte	writeByte
short	readShort	writeShort
int	readInt	writeInt
long	readLong	writeLong
float	readFloat	writeFloat
double	readDouble	writeDouble
String	readUTF	writeUTF
byte[]	readFully	

在之前的文件输入/输出字节流程序运行时可以发现，如果文件中含有中文，输出时将出现乱码，这是由于将中文作为字节处理导致的，字节流应该被用于处理二进制文件而不是文本文件，此时可使用 DataInputStream 类创建文件输入流，读取的方式可通过 readUTF()方法实现。

【例 9.3】 通过过滤流读取与写入的方式，实现文件的读写功能。

```java
import java.io.*;
public class DataIODemo {
    public static void main(String[] args) {
        //使用过滤流读写不同的数据类型举例
        FileInputStream fis = null;
        FileOutputStream fos = null;
        DataInputStream dis = null;
        DataOutputStream dos = null;

        try {
            fos = new FileOutputStream("E:/test.txt");
            dos = new DataOutputStream(fos);
            dos.writeInt(100);
            dos.writeBoolean(true);
            dos.writeFloat(3.14F);
            dos.writeDouble(5.12);
            dos.writeUTF("您好");
            dos.flush();

            fis = new FileInputStream("E:/test.txt");
            dis = new DataInputStream(fis);

            System.out.println(dis.readInt());
            System.out.println(dis.readBoolean());
            System.out.println(dis.readFloat());
            System.out.println(dis.readDouble());
            System.out.println(dis.readUTF());
        } catch (FileNotFoundException e) {
            System.out.println("文件没找到");
        } catch (IOException e) {
```

9-7
例 9.3 讲解

```java
                System.out.println("输入输出异常");
            }finally{
                if (dis!=null){
                    try {
                        dis.close();
                    } catch (IOException e) {
                        System.out.println("文件关闭异常");
                    }
                }
                if (dos!=null){
                    try {
                        dos.close();
                    } catch (IOException e) {
                        System.out.println("文件关闭异常");
                    }
                }
                if (fis!=null){
                    try {
                        fis.close();
                    } catch (IOException e) {
                        System.out.println("文件关闭异常");
                    }
                }
                if (fos!=null){
                    try {
                        fos.close();
                    } catch (IOException e) {
                        System.out.println("文件关闭异常");
                    }
                }
            }
        }
    }
```

9-8
缓冲输入输出流

2. BufferedInputStream 类和 BufferedOutputStream 类

前面介绍的 FileInputStream 类和 FileOutputStream 类读/写数据是以字节为单位进行的,文件流的利用率不高,而 BufferedInputStream 类和 BufferedOutputStream 类在字节输入/输出流的基础上实现了带缓冲的过滤流,采用一个内部缓冲区数组缓存数据,从而提高磁盘的读写速度。

(1) 构造方法

BufferedInputStream 类的构造方法如下。

➢ 创建缓冲输入流对象,保存 in 对象,并创建一个内部缓冲区数组来保存输入数据:BufferedInputStream(InputStream in)。

➢ 创建缓冲输入流对象,保存 in 对象,并创建一个指定大小的内部缓冲区来保存输入数据:BufferedInputStream(InputStream in, int size)。

BufferedOutputStream 类的构造方法如下。

➢ 创建缓冲输出流对象,写数据到参数指定的输出流,缓冲区设为默认的 512B:BufferedOutputStream(OutputStream out)。

➤ 创建缓冲输出流对象，写数据到参数指定的输出流，缓冲区设为指定的 size 字节：
BufferedOutputStream(OutputStream out, int size)。

（2）对缓冲流进行读或写操作

BufferedInputStream 类和 BufferedOutputStream 类对数据的读/写方法与 FileInputStream 类和 FileOutputStream 类的读/写方法相同。但是所有的输入/输出都要先写入缓冲区，当缓冲区写满或关闭流时，它将一次性输出到流，也可以使用 flush()方法主动地将缓冲区输出到流。

【例 9.4】　通过 BufferedInputStream 类和 BufferedOutputStream 类对【例 9.2】进行改进。

```java
import java.io.BufferedInputStream;
import java.io.BufferedOutputStream;
import java.io.FileInputStream;
import java.io.FileNotFoundException;
import java.io.FileOutputStream;
import java.io.IOException;
public class CopyFile2{
    public static void main(String[] args) {
        FileInputStream fis = null;             // 声明字节输入流
        FileOutputStream fos = null;            // 声明字节输出流
        BufferedInputStream bis = null;         // 声明缓冲输入流
        BufferedOutputStream bos = null;        // 声明缓冲输出流
        try {
            bis = new BufferedInputStream(new FileInputStream(("d:/mytest.jpg")));
            bos = new BufferedOutputStream(new FileOutputStream(("e:/mycopy.jpg")));
            int b;
            while ((b = bis.read()) != -1) {
                // 只改为缓冲流，其余代码无须改变
                bos.write((byte) b);
            }
        } catch (FileNotFoundException e) {
            // 以下是异常处理
            System.out.print("文件找不到或文件权限不够异常.");
        } catch (IOException e) {
            System.out.print("读或写文件异常.");
        } finally { // finally 语句块
            if (fis != null) {
                try {
                    fis.close();                // 关闭输入流
                } catch (IOException e) {
                    System.out.print("文件无法关闭异常.");
                }
            }
            if (fos != null) {
                try {
                    fos.close();                // 关闭输出流
                } catch (IOException e) {
                    System.out.print("文件无法关闭异常.");
                }
            }
            if (bis!=null){
                try {
```

9-9

例 9.4 讲解

```
                        bis.close();
                    } catch (IOException e) {
                        System.out.print("文件无法关闭异常.");
                    }
                }
            if (bos!=null){
                try {
                    bos.close();
                } catch (IOException e) {
                    System.out.print("文件无法关闭异常.");;
                }
            }
        }
        System.out.println("\n 文件复制完成.");
    }
}
```

9.3　字符输入/输出流

9.3.1　输入/输出字符流

　　字符流用来处理字符数据的读取和写入，Reader 类和 Writer 类是字符流的抽象类，它们定义了字符流读取和写入的基本方法，各个子类会实现或覆盖这些方法。常用的输入/输出字符流是 InputStreamReader 类和 OutputStreamWriter 类，它们是用来处理字符流的最基本的类，用作字节流和字符流之间的中介。

9-10
字符输入输出流

1. 构造方法

InputStreamReader 类的构造方法如下。

➤ 使用当前平台默认的编码规范，基于字节流 in 构造一个输入字符流。

```
public InputStreamReader(InputStream in)
```

➤ 使用指定的编码规范，基于字节流 in 构造一个输入字符流。如果使用了非法的编码规范，将产生 UnsupportEncodingException 异常。

```
public InputStreamReader(InputStream in, String enc) throws UnsupportEn-
codingException
```

OutputStreamWriter 类的构造方法如下。

➤ 使用当前平台默认的编码规范，基于字节流 out 构造一个输出字符流。

```
public OutputStreamWriter (OutputStream out)
```

➤ 使用指定的编码规范，基于字节流 out 构造一个输出字符流。如果使用了非法的编码规范，将产生 UnsupportEncodingException 异常。

```
public OutputStreamWriter (OutputStream out, String enc) throws Unsuppo-
rtEncodingException
```

2．读/写方法

InputStreamReader 类和 OutputStreamWriter 类提供的对数据进行读/写的方法与后面介绍的
Reader 类和 Writer 类的方法相似，这里不再赘述。

3．其他方法

getEncoding()方法：获取当前字符流所使用的编码方式，返回值为 String 类型。
close()方法：关闭字符流，关闭时可能抛出 IOException 异常。

9.3.2　文件输入/输出字符流

FileReader 类和 FileWriter 类是 InputStreamReader 类和 OutputStreamWriter 类的子类，利用
它们可以方便地对文件进行字符输入/输出处理。

1．FileReader 类

（1）FileReader 类的构造方法
FileReader 类的构造方法有两种常用格式。

➢ 通过文件 file 对象来创建一个字符文件输入流对象。

```
public FileReader(File file) throws FileNotFoundException
```

➢ 通过文件名为 filename 的文件来创建一个字符文件输入流对象。

```
public FileReader (String filename) throws FileNotFoundException
```

对于这两个构造方法，如果指定的文件不存在，或者因为其他原因无法进行文件读取，则
会抛出 FileNotFoundException 异常。

（2）FileReader 类的 Read()方法
FileReader 类的 Read()方法有两种常用格式。

➢ 从字符流读取单个字符，返回-1 表示失败（如抵达文件尾）。

```
public int read() throws IOException
```

➢ 从字符流将字符读入数组，返回成功读入的长度，返回-1 表示失败。

```
public int read(char[] cbuf) throws IOException
```

对于这两个 read()方法，如果读取文件时发生错误，则会抛出 IOException 异常。

2．FileWriter 类

（1）FileWriter 类的构造方法
FileWriter 类的构造方法有两种常用格式。

➢ 使用 file 对象创建字符文件输出流对象。

```
public FileWriter (File file) throws FileNotFoundException
```

➢ 使用文件名为 filename 的文件创建字符文件输出流对象。

```
public File Writer (String filename) throws FileNotFoundException
```

对于上述构造方法，如果指定的文件不存在，或者因为其他原因无法进行文件写入，则会
抛出 FileNotFoundException 异常。

（2）FileWriter 类的 Write()方法

FileOutputStream 类的 Write ()方法有两种常用格式。

➢ 向字符流写入单个字符。

```
public void write(int c) throws IOException
```

➢ 向字符流写入字符串的一部分。

```
public void write(String str, int off, int len) throws IOException
```

对于这两个 write()方法，如果写入文件时发生错误，则会抛出 IOException 异常。

3. 使用文件输入/输出字符流读写数据

字符流的操作过程与前述的字节流类似，使用文件输入/输出字符流从文件读/写数据的基本过程如下。

1）导入输入/输出包 import java.io.*。

2）定义输入流或输出流。

3）创建流对象（打开文件）。

4）调用 read()方法进行读操作或调用 write()方法进行写操作。

5）调用 close()方法关闭文件流。

【例 9.5】 通过字符流读取与写入的方式，实现文件复制的功能（将 D:\mytest.txt 复制到 E:\mycopy.txt 文件中）。

```java
import java.io.FileNotFoundException;
import java.io.FileReader;
import java.io.FileWriter;
import java.io.IOException;
public class CopyCharFile {
    public static void main(String[] args) {
        FileReader fr = null;               // 声明字符输入流
        FileWriter fw = null;               // 声明字符输出流
        try {
            fr = new FileReader("D:/mytest.txt");
            fw = new FileWriter("E:/mycopy.txt");
            int b;
            while ((b = fr.read()) != -1) {     // 读入
                fw.write(b);                    // 写出
            }                                   // 复制完成
        } catch (FileNotFoundException e) {
            System.out.println("文件不存在！");
        } catch (IOException e) {
            System.out.println("输入输出异常！");
        }
        finally {                    // 即使不捕获异常，也必须使用 try... finally
            if (fr != null) {
                try {
                    fr.close(); // 关闭字符输入流
                } catch (IOException e) {
                    System.out.println("输入输出异常！");
                }
            }
        }
```

9-11
例 9.5 讲解

```
            if (fw != null) {
                try {
                    fw.close();            // 关闭字符输出流
                } catch (IOException e) {
                    System.out.println("输入输出异常！");
                }
            }
        }
        System.out.println("\n 文件复制完成．");
    }
}
```

9.3.3　缓冲字符流

在【例 9.5】的代码中并没有缓存数据，因此读写速度是很慢的，要使用缓冲型字符流，可以通过 BufferedReader 类和 BufferedWriter 类定义字符流。

9–12
缓冲字符流

1. BufferedReader 类的构造方法

➢ 基于一个普通的字符输入流对象 in 生成相应的缓冲输入流。

```
BufferedReader (Reader in)
```

➢ 基于一个普通的字符输入流对象 in 生成相应的缓冲输入流，缓冲区的大小为 size。

```
BufferedReader (Reader in, int size)
```

2. BufferedWriter 类的构造方法

➢ 基于一个普通的字符输出流对象 out 生成相应的缓冲输出流。

```
BufferedWriter (Writer out)
```

➢ 基于一个普通的字符输出流对象 out 生成相应的缓冲输出流，缓冲区的大小为 size。

```
BufferedWriter (Writer out, int size)
```

3. 读/写方法

缓冲字符流除了继承 Reader 类和 Writer 类提供的基本的读/写方法外，还支持以文本行为单位的读入或写出操作（readLine()），在读入时可以跳过一段字符（skip()），在写出时可以将缓冲区的内容强制写出（flush()），详见表 9-2。

表 9-2　缓冲型字符流的常用输入输出方法

	方　　法	说　　明
BufferedReader 类 （输入流）	int read()	读取单个字符
	String readLine()	读取一个文本行
	boolean ready()	判断此流是否已准备好被读取
	long skip(long n)	跳过 n 个字符
BufferedWriter 类 （输出流）	void write(int c)	写入单个字符
	void write(String s, int off, int len)	写入字符串的某一部分
	void newLine()	写入一个行分隔符，行分隔符由操作系统定义
	void flush()	刷新该流的缓冲

【例 9.6】 将从键盘读取的数据写入到指定的文件中去（直到输入字符"n"时结束）。

```java
import java.io.BufferedReader;
import java.io.FileWriter;
import java.io.InputStreamReader;
public class BufferedTest {
    public static void main(String[] args) {
        InputStreamReader in;
        FileWriter out;
        BufferedReader br;
        try {
            in = new InputStreamReader(System.in);
            br = new BufferedReader(in);
            out = new FileWriter("d:/test.txt");
            String str = br.readLine();
            while (!str.equals("n")) {
                System.out.println("str=" + str);
                out.write(str + "\r\n");
                str = br.readLine();
            }
            out.flush();
            in.close();
            br.close();
        } catch (Exception e) {
            e.printStackTrace();
        }
    }
}
```

9.4 文件处理

9.4.1 文件类的使用

在输入/输出操作中，最常见的是对文件的操作，java.io 包中有关文件处理的类是文件类 File。File 类的操作与平台无关，通过 File 类对象可以获取文件及其所在的目录、长度等信息，对文件进行创建、删除、重命名等操作。

9-13
文件类的使用

1. File 类的构造方法

一个 File 对象的常用构造方法有 3 种。

1）通过指定的文件路径字符串（包括文件名称）来创建一个新的 File 实例对象。

```java
public File(String pathname)
```

2）通过指定的父路径字符串和子路径字符串（包括文件名称）来创建一个新的 File 实例对象。

```java
public File(String path, String filename)
```

3）通过指定的 File 类父路径和字符串类型的子路径（包括文件名称）来创建一个新的 File 实例对象。

```
public File(File file, String filename)
```

使用上述 3 种中的哪一种方法构造 File 类对象取决于对文件的访问方式。如果在程序中只使用一个文件，第 1 种构造函数是最为简单的；如果在程序中需要在同一目录中打开多个文件，则后面的两种方法较为简单。

2. File 类提供的常用方法

File 类描述了文件对象的属性，提供了对文件对象的操作，表 9-3 是 File 类的常用方法。

表 9-3　File 类的常用方法

	方　法	说　　明
文件信息	long length()	返回文件的长度
	long lastModified()	返回文件或目录的最后修改时间（1970 年 1 月 1 日零点以来的毫秒数）
	String getName()	返回文件或目录的名称
	String getParent()	返回父目录路径名称；如果不存在父目录，则返回 null
	String getPath()	返回全路径名称（父路径目录+文件名称）
文件检查	boolean exists()	测试文件或目录是否存在
	boolean isFile()	测试文件是否是一个标准文件
	boolean isDirectory()	测试文件是否是一个目录
	boolean canRead()	测试文件是否可读（有权读）
	boolean canWrite()	测试文件是否可写（有权写）
文件操作	boolean createNewFile()	当且仅当不存在此文件时，创建一个新的空文件
	static File createTempFile(String prefix, String suffix)	在默认临时文件目录中创建一个空文件，使用给定前缀和后缀生成其名称。如要自动删除该文件，须配合使用 deleteOnExit()方法
	boolean delete()	删除文件或目录
	void deleteOnExit()	在虚拟机终止时，自动删除此文件或目录
	boolean renameTo(File dest)	重新命名文件。如果新的文件不在同一目录，则移动文件
目录操作	boolean mkdir()	创建指定的目录，这时各级父目录必须已经存在
	boolean mkdirs()	创建指定的目录，各级父目录将被同时创建
	String[] list()	返回字符串数组，其值是目录中的文件和目录
	String[] list(FilenameFilter filter)	返回字符串数组，其值是目录中满足指定过滤器要求的文件和目录
	File[] listFiles()	返回 File 数组，其值是目录中的文件
	File[] listFiles(FilenameFilter filter)	返回 File 数组，其值是目录中满足指定过滤器要求的文件和目录

【例 9.7】　输入文件名，获取文件的基本信息并输出。

9-14
例 9.7 讲解

```java
import java.io.File;
public class FileTest {
    public static void main(String[] args) {
        String fileName = "e:/example.txt";
        File f = new File(fileName);
        File newf = new File("e:/test.txt");
```

```
            System.out.println("文件完整路径名为：" + fileName);
            System.out.println("文件名为：" + f.getName());
            System.out.println("文件路径为：" + f.getPath());
            System.out.println("文件绝对路径名为：" + f.getAbsolutePath());
            System.out.println("文件父路径名为：" + f.getParent());
            System.out.println("文件是否存在：" + f.exists());
            System.out.println("文件是否可读：" + f.canRead());
            System.out.println("文件长度为：" + f.length());
            System.out.println("当前对象是否是文件 : " + f.isFile());
            System.out.println("当前对象是否是目录 : " + f.isDirectory());
            System.out.println("文件是否可以重命名：" + f.renameTo(newf));
        }
    }
```

程序运行结果如图 9-5 所示。

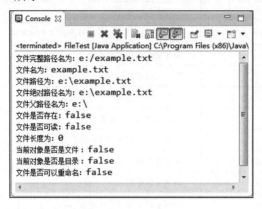

图 9-5　File 类示例运行结果

【例 9.8】　创建一个文件过滤器，列出目录中满足条件的文件或
目录。

9-15
例 9.8 讲解

```
import java.io.File;
import java.io.FilenameFilter;
class Filter implements FilenameFilter {        // 实现文件名过滤器
    String extName;                             // 扩展名
    Filter(String extent) {                     // 构造方法初始化扩展名的设置
        this.extName = extent;
    }
    public boolean accept(File dir, String name) {
        return name.endsWith("." + extName);    // 满足扩展名要求，则返回 true
    }
}
import java.io.File;
public class FileFilterDemo{
    public static void main(String[] args) {
        // 用 File 对象表示一个目录
        File dir = new File(""D:/software/eclipse-jee-kepler-R-win32/eclipse"");
        Filter filter = new Filter("exe");      // 生成一个过滤器，过滤所有 exe 文件
        System.out.println("列出所有 exe 文件：" + dir);
        if (dir.isDirectory()) {
            String files[] = dir.list(filter);  // 列出满足过滤器要求的文件
```

```
            for (int i = 0; i < files.length; i++) {
                File f = new File(dir, files[i]);    // 为结果创建一个 File 对象
                if (f.isFile())
                    System.out.println("文件: " + f);    // 如果是文件, 则输出文件名
                else
                    System.out.println("目录: " + f);    // 如果是目录, 则输出目录名
            }
        } else {
            System.out.println("目录不存在.");
        }
    }
}
```

程序运行结果如图 9-6 所示。

```
Console ⊠                                    ■ × ※ | ▣ ▣ |◰ ◳| ⾕ ▤ ▾| ◱ ▾| ▾ ▾
<terminated> FileFilterDemo [Java Application] C:\Program Files (x86)\Java\jre6\bin\javaw.exe (2017年12月25日)
列出所有exe文件: D:\software\eclipse-jee-kepler-R-win32\eclipse
文件: D:\software\eclipse-jee-kepler-R-win32\eclipse\eclipse.exe
文件: D:\software\eclipse-jee-kepler-R-win32\eclipse\eclipsec.exe
```

图 9-6　文件过滤器示例运行结果

9.4.2　文件的顺序访问

在进行输入输出操作时, 经常会遇到对文件的顺序访问, 前面介绍的各种流类型的访问形式都是顺序访问, 其一般步骤如下。

1) 导入输入输出包 import java.io.*。

2) 根据不同的数据源与输入/输出任务, 建立相应的文件字节流或字符流。

3) 若需要对字节或字符流信息进行组织加工, 则在已经建立的字节流或字符流对象的基础上构建其他数据流对象 (如过滤流、缓冲流等)。

4) 使用输入/输出流对象的相应成员方法进行读/写操作。

5) 关闭流对象。

9.4.3　文件的随机访问

在访问文件时, 有时不一定是从文件头到文件尾进行顺序读写的, 而是将文件作为一个类似于数据库的文件, 读完一条记录后可以跳转到另一条记录。Java 中使用 RandomAccessFile 类对文件进行随机访问, 使用它的 seek()方法可以指定文件存取的位置, 指定单位字节。RandomAccessFile 类直接继承了 Object 类, 并且实现了 DataInput 和 DataOutput 接口, 因此它的常用方法与 DataInputStream 类和 DataOutputStream 类中的方法类似。

9-16
文件的随机访问

1. 构造方法

1) 使用文件对象 file 和访问文件的方式 mode 创建随机访问的文件对象。

```
RandomAccessFile(File file, String mode)
```

2）使用文件绝对路径 pathname 和访问文件的方式 mode 创建随机访问的文件对象。

```
RandomAccessFile(String pathname, String mode)
```

其中 mode 是打开文件的具体访问方式，常用的有"r"（只读）和"rw"（读写）两种模式。

2. 常用方法

public long getFilePointer() throws IOException：返回文件指针的当前字节位置。

public void seek(long pos) throws IOException：将文件指针定位到一个绝对位置 pos。

public long length() throws IOException：返回文件的长度。

public int skipBytes(int n) throws IOException：将文件的指针向文件尾方向移动 n 个字节。

public final String readLine() throws IOException：从此文件读取文本的一行。

public final String readUTF() throws IOException：从文件读取一个字符串。

此外，RandomAccessFile 还支持各种数据类型的读操作，如 readInt() 和 readChar() 等，支持各种数据类型的写操作，如 writeInt(int b) 和 writeChar(char ch) 等。

【例 9.9】 在 D 盘存在文件 example.txt，创建 int 型数组，将数组元素写入到 example.txt 文件中，然后逆序读出这些数据。

```java
import java.io.RandomAccessFile;
public class RandomAccess {
    public static void main(String[] args) {
        int a[] = { 1, 2, 3, 4, 5 };
        try {
            RandomAccessFile raf = new RandomAccessFile("D:/example.txt", "rw");
            for (int i = 0; i < a.length; i++) {
                raf.writeInt(a[i]);
            }
            for (int i = a.length - 1; i >= 0; I--) {
                raf.seek(i * 4);
                System.out.println(raf.readInt());
            }
            raf.close();
        } catch (Exception e) {
            e.printStackTrace();
        }
    }
}
```

9.5 对象的串行化

9.5.1 串行化概述

程序运行时可能有需要保存的数据，对于基本数据类型，如 int、float、char 等，可以简单地将其保存到文件中，程序下次启动时，

9-17
对象的串行化

可以读取文件中的数据来初始化程序。但是对于复杂的对象类型，如果要永久保留数据，需要把对象中的不同属性分解为基本数据类型，然后再分别保存在文件中。当程序再次运行时，需要建立新的对象，然后从文件中读取与对象有关的所有数据，再使用这些数据分别为对象的每个属性进行初始化。

使用对象输入/输出流实现对象序列化，可以直接存取对象，将对象存入一个数据流称为对象的串行化（Serialization，也称序列化），而从一个数据流将对象读出来的过程被称为反串行化。

串行化机制的目的主要包括：

➢ 对象的串行化机制支持 Java 对象的持续性。

➢ 对象的串行化机制具有可扩展能力，支持对象的远程调用。

➢ 对象的串行化机制严格遵守 Java 的对象模型，对象的串行化状态中应存有关于类的安全特性的所有信息。

➢ 对象的串行化机制允许对象定义自身的数据流表现形式。

9.5.2　对象串行化的实现

在 java.io 包中，提供了 Serializable 接口、ObjectOutputStream 流和 ObjectInputStream 流用于支持对象的串行化。串行化和反串行化的过程如下。

1. 声明可串行化的类

通过实现 java.io 包的 Serializable 接口，声明一个类的实例是可串行化的。Serializable 接口中没有定义任何方法，它的作用仅仅是一个标识，用于标识实现了该接口的类的实例是可以被串行化的。

【例 9.10】　定义一个可串行化的 Rectangle 类。

```java
import java.io.Serializable;
// 实现 Serializable 接口，声明这个类是可串行化的
public class Rectangle implements Serializable{
    private static final long serialVersionUID = 1L;        // 串行化版本号
    // 以下部分与普通类完全相同
    private int length;
    private int width;
    public int getLength() {
        return length;
    }
    public void setLength(int length) {
        this.length = length;
    }
    public int getWidth() {
        return width;
    }
    public void setWidth(int width) {
        this.width = width;
    }
    public double getArea() {
        return length*width;
```

```
                    }
                }
```

可以为可串行化类定义一个串行化版本号 serialVersionUID，它在反串行化过程中用于验证串行化对象的版本兼容性，防止在修改类声明之后又反串行化了不兼容的对象。

2. 串行化对象

串行化一个对象，必须与一定的输入/输出流相连，通过输出流对象，将对象的当前状态保存下来，然后可以通过输入流对象将对象的数据进行恢复。在 java.io 包中，提供了专门的保存和读取串行化对象的类，分别为 ObjectInputStream 类和 ObjectOutputStream 类。使用 ObjectOutputStream 类的 writeObject()方法实现对象的串行化，即直接将对象信息保存到输出流中，使用 ObjectInputStream 类的 ReadObject()方法可以实现对象的反串行化。

【例 9.11】 串行化和反串行化 Rectangle 类实例。

9-18
例 9.11 讲解

```java
import java.io.FileInputStream;
import java.io.FileNotFoundException;
import java.io.FileOutputStream;
import java.io.IOException;
import java.io.ObjectInputStream;
import java.io.ObjectOutputStream;
public class SerializeRectangle {
    public static void writeRectangle(Rectangle rec, String fileName) {
                                                    // 串行化 Rectangle 类
        ObjectOutputStream obj = null;              // 声明对象输出流
        try {
            obj = new ObjectOutputStream(new FileOutputStream(fileName));
            obj.writeObject(rec);                   // 写出对象（对象的属性值）
        } catch (FileNotFoundException e) {
            System.out.println("文件找不到！");
        } catch (IOException e) {
            System.out.println("输入输出异常！");
        } finally {
            if (obj != null) {
                try {
                    obj.close();                    // 关闭输出流
                } catch (IOException e) {
                    System.out.println("输入输出异常！");
                }
            }
        }
    }
    public static Rectangle readRectangle(String fileName) {
                                                    // 反串行化 Rectangle 类
        Rectangle rec = null;
        ObjectInputStream obj = null;               // 声明对象输入流
        try {
            obj = new ObjectInputStream(new FileInputStream(fileName));
            rec = (Rectangle) obj.readObject();  // 读入对象，注意需要强制转换
```

```
        } catch (IOException e) {
            System.out.println("输入输出异常! ");
        } catch (ClassNotFoundException e) {
            System.out.println("文件找不到! ");
        } finally {
            if (obj != null) {
                try {
                    obj.close();
                } catch (IOException e) {
                    System.out.println("输入输出异常! ");        // 关闭输入流
                }
            }
        }
        return rec;
    }
}
```

【例 9.12】 用于验证 Rectangle 类的串行化方法和反串行化方法的测试类。

```
public class SerializeTest {
    public static void main(String[] args) {
        Rectangle r = new Rectangle();        // 创建 Rectangle 的实例
        r.setLength(20);                      // 设置属性,属性值将被串行化
        r.setWidth(10);                       // 设置属性,属性值将被串行化
        SerializeRectangle.writeRectangle(r, "D:/myRec.obj");  // 写数据
        Rectangle r1 = SerializeRectangle.readRectangle("D:/myRec.obj");
        System.out.println("r1.getLength()" + "=" + r1.getLength() + ","
                + "r1.getWidth()=" + r1.getWidth());          // 读数据
        System.out.println("r1.getArea()=" + r1.getArea());
    }
}
```

9.5.3 串行化的注意事项

1.串行化能保存的对象

当一个对象被串行化时,只有对象的状态(即数据)能被保存,而且只能是对象的非静态成员变量,即实例变量。串行化保存的只是实例变量的值,对它们的修改不能进行保存,成员方法、构造方法、类变量不属于串行化范围。

2.定义串行化类的规范

要串行化的对象的类必须实现 Serializable 接口。要串行化的对象的类必须是公开的(public)。

3.transient 关键字

对于那些不能进行串行化的瞬时对象,必须加 transient 修饰符,否则编译出错。

另一方面,出于安全的考虑,不应串行化保密的内容,应该在保密字段前加 transient 关键字。

9-19
工作任务 14

【任务实现】

工作任务 14　职工工资管理数据持久化

1．任务描述

在职工工资管理模块中，需要输入个人信息、工资信息（基本工资、月津贴、奖金）等，并将数据持久化后存入文件中，后期读取文件时可以输出文件中的相关信息，并在此基础上进行员工工资的写入。

2．任务知识

本任务的实现，需要综合运用面向对象设计、集合容器、输入/输出流和对象串行化的知识，并了解输入与输出程序设计的一般流程。

3．项目设计

1）设计员工类 Employee 类实现基本信息的输入并显示，参见工作任务 13。

2）设计输入验证异常类 ValidatorException 进行输入验证，参见工作任务 13。

3）设计员工工资类 EmployeeSalary 实现工资信息的输入并显示，参见工作任务 7。

4）设计部门类 Company 类，实现企业员工工资的管理（包含显示员工工资信息、添加员工工资信息等）。

5）设计部门操作类 CompanyDAO 类，将部门员工工资持久化并写入到文件中，且可以读取文件信息并显示。

6）利用输入输出测试类 TestIO 进行项目测试。

4．项目实施

（1）包的设计

工作任务 14 的所在包为 task.task14，然后根据类的功能分别创建子包。

1）创建 model 包，在其中创建员工类 Employee、输入验证异常类 ValidatorException、员工工资类 EmployeeSalary、公司类 Company。

2）创建 dao 包，在其中创建部门操作类 CompanyDAO。

3）创建 test 包，在其中创建输入输出测试类 TestIO。

（2）编写员工类 Employee

员工类 Employee 包含职工编号、姓名、部门等属性，这些属性的赋值方法中需要进行输入验证，当违反规则时抛出异常信息，并定义输出信息的方法 showEmployee()，具体实现参见工作任务 13 的 Employee 类。注意，此处的 Employee 类须实现 Serializable 接口。

（3）编写输入验证异常 ValidatorException

具体实现参见工作任务 13 的 ValidatorException 类。

（4）编写员工工资类 EmployeeSalary

员工工资类 EmployeeSalary 是员工类的派生类，除了拥有父类的基本属性和方法外，还拥有基本工资、津贴、奖金等属性，并重写输出员工信息的方法 showEmployee()，具体实现参见工作任务 7 的 EmployeeSalary 类。

（5）编写公司类 Company

公司类 Company 实现公司员工信息的添加和查询操作。

```java
package task14.model;
import java.io.Serializable;
import java.util.*;
public class Company implements Serializable {
    Map<String, EmployeeSalary> map = new HashMap<String, EmployeeSalary>();
    public Map getMap() {
        return map;
    }
    public void setMap(Map map) {
        this.map = map;
    }
    public Company() {
        map = new HashMap();
    }
    public boolean isExist(EmployeeSalary e) {
        boolean flag = false;
        if (map.containsKey(e.getId())) {
            flag = true;
        }
        return flag;
    }
    public void insertEmployeeSalary(EmployeeSalary e) {
        map.put(e.getId(), e);
    }
    public void showAll() {
        List list = this.selectAll();
        Iterator it = list.iterator();
        System.out.println("工号\t 姓名\t 性别\t 部门\t 身份证号\t\t\t 电话\t\t 基本
            工资\t 津贴\t 奖金");
        while (it.hasNext()) {
            EmployeeSalary e = (EmployeeSalary) it.next();
            System.out.println(e.getId() + "\t" + e.getName() + "\t"
                    + e.getSex() + "\t" + e.getDepartment() + "\t"
                    + e.getCardID() + "\t" + e.getPhone() + "\t"
                    + e.getBasicwages() + "\t" + e.getAllowance() + "\t"
                    + e.getBonus());
        }
    }
    public List selectAll() {
        List list = new ArrayList();
        // 使用遍历
        Set set = map.entrySet();
        Iterator it = set.iterator();
        while (it.hasNext()) {
            Map.Entry entry = (Entry) it.next();
            EmployeeSalary e = (EmployeeSalary) entry.getValue();
```

```java
                list.add(e);
            }
            return list;
    }
    public int getEmployeeCount() {
        return map.size();
    }
    public EmployeeSalary getEmployeeSalary(int index) {
        Set<String> set = map.keySet();
        if (index < -1 || index >= set.size()) {
            return null;
        }
        Iterator<String> it = set.iterator();
        for (int i = 0; i < index; i++) {
            it.next();
        }
        return map.get(it.next());
    }
    public int getEmployeeSalaryIndex(String id) {
            int index=0;
            Set set = map.keySet();
            Iterator it = set.iterator();
            while (it.hasNext()) {
                if (id.equals(it.next())) {
                    break;
                }else {
                    index++;
                }
            }
            return index;
    }
    public boolean updateEmployeeSalary(String sid,EmployeeSalary e) {
        boolean flag = false;
        if (this.isExist(e)) {
            map.put(e.getId(), e);
            flag = true;
        }
        return flag;
    }
    public boolean deleteEmployeeSalary(String sid) {
        boolean flag = false;
        EmployeeSalary oldemp = this.selectById(sid);
        if (oldemp != null) {
            System.out.println("存在该职工，可以删除");
            map.remove(oldemp.getId());
            flag = true;
        } else {
            System.out.println("不存在该职工，不能删除");
        }
        return flag;
```

```
        }
        public EmployeeSalary selectById(String sid) {
            EmployeeSalary e = null;
            e = (EmployeeSalary) map.get(sid);
            return e;
        }
    }
```

（6）编写公司操作类 CompanyDAO

```
package task14.dao;
import java.io.FileInputStream;
import java.io.FileOutputStream;
import java.io.ObjectInputStream;
import java.io.ObjectOutputStream;
import task15.model.Company;
public class CompanyDao {
    private String fileName;
    public CompanyDao(String fileName) {
        this.fileName = fileName;
    }
    public void save(Company company) {
        try {
            ObjectOutputStream oos = new ObjectOutputStream(
                    new FileOutputStream(fileName));
            oos.writeObject(company);
            oos.close();
        } catch (Exception e) {
            e.printStackTrace();
        }
    }
    public Company read() {
        Company company = null;
        try {
            ObjectInputStream ois = new ObjectInputStream(new FileInputStream(
                    fileName));
            company = (Company) ois.readObject();
            ois.close();
        } catch (Exception e) {
            e.printStackTrace();
        }
        return company;
    }
}
```

（7）编写测试类 TestIO

```
package task14.test;
import task14.dao.CompanyDao;
import task14.model.Company;
import task14.model.EmployeeSalary;
public class TestIO {
    public static void main(String[] args) {
        CompanyDao dao = new CompanyDao("d:/software.obj");
```

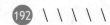

```
Company company = new Company();
EmployeeSalary es;
try {
    es = new EmployeeSalary("1001", "程艳", "软件技术系",
            "320211*****2240025", '女', "81838762",
            "chengy@wxit.edu.cn", 4500, 2500, 1000);
    company.insertEmployeeSalary(es);
    es = new EmployeeSalary("1002", "王明", "软件技术系",
            "320211*****3240025", '女', "81838762", "wangm@wxit.edu.cn",
            4900, 2600, 1000);
    company.insertEmployeeSalary(es);
    dao.save(company);
} catch (Exception e) {
    System.out.println(e.getMessage());
}
Company c = new Company();
c = dao.read();
c.showAll();
}
}
```

5. 运行结果

程序运行结果如图 9-7 所示。

Problems	@ Javadoc	Declaration	Console

<terminated> TestIO (1) [Java Application] C:\Users\Administrator\.p2\pool\plugins\org.eclipse.justj.openjdk.hotspot.jre.full.win32.x86_64_14.0.2.v20200

工号	姓名	性别	部门	身份证号	电话	基本工资	津贴	奖金
1002	王明	女	软件技术系	3202...025	818..762	4900.0	2600.0	1000.0
1001	程艳	女	软件技术系	320...025	818..62	4500.0	2500.0	1000.0

图 9-7　工作任务 14 运行结果示意图

6. 任务小结

本任务进行了输入输出文件的操作，通过该项目让读者了解 Java 文件操作的一般流程。

【本章小结】

本章首先介绍输入/输出流的概念、数据流之间的层次结构、标准输入/输出等，再分别介绍字节流和字符流的定义与使用方法，然后介绍文件操作类的使用方法，对文件的顺序和随机访问方式进行总结，最后简单介绍对象串行化的概念和使用方法。

【习题 9】

一、选择题

1. 删除 File 实例所对应文件的方法是（　　）。

（A）mkdir　　　　（B）exists　　　　（C）delete　　　　（D）isHidden

2. 现有：

```
class Car implements Serializable { }
class Ford extends Car { }
```

如果试图串行化一个 Ford 实例，结果为（　　　）。

（A）编译失败　　　　　　　　　　　（B）两个对象被串行化

（C）一个对象被串行化　　　　　　　（D）运行时异常被抛出

3. 为了从文本文件中逐行读取内容，应该使用（　　　）处理流对象。

（A）BufferedReader　　　　　　　　（B）BufferedWriter

（C）BufferedInputStream　　　　　　（D）BufferedOutputStream

4. 为了实现自定义对象的串行化，该自定义对象必须实现（　　　）接口。

（A）Volatile　　　（B）Serializable　　　（C）Runnable　　　（D）Transient

5. 在输入流的 read 方法返回（　　　）值的时候表示读取结束。

（A）0　　　　　　（B）1　　　　　　（C）-1　　　　　　（D）null

二、填空题

1. _____是指一组有序的数据序列，一个流必须有源端和目的端。

2. 根据数据流的方向，可以将流分为_____和_____。

3. 根据数据流中处理的数据，可以将流分为_____和_____。

4. Java 语言提供的标准输入输出被封装在 System 类里，共有 3 个对象（_____、_____和_____）用于标准输入、标准输出和标准错误输出。

三、简答题

1. 什么是输入/输出流？字节流和字符流有什么区别？

2. 过滤流 BufferedInputStream 类与字节流 FileInputStream 类的关系是什么？

3. 对象串行化的作用是什么？对象串行化是如何实现的？

四、编程题

1. D:\article.txt 文件是一篇英文短文，编写一个程序，统计该文件中英文字母的个数，并将其写入另一个文本文件。

2. 定义学生类，包含学生的基本信息（包括学号、姓名和考试成绩），键盘接收学生信息，并将学生信息保存到文件 studentscore.obj 中。

第 10 章　图形用户界面设计

【引例描述】

> 问题提出

前面章节的职工工资管理信息的录入与输出都是在控制台进行的，一个良好设计的界面可以提高用户的工作效率，使用户乐于使用。在 Java 程序设计中，如何设计可视化的图形界面呢？如何布局界面上的各个组件呢？如何响应用户的操作呢？

> 解决方案

本章主要讲解 Java 图形用户界面设计的主要工具及方法，包括各个组件的定义与使用、布局管理器的定义与使用、事件处理程序设计方法等。

通过本章学习，读者可了解 GUI 的基本概念，掌握常用视图组件，了解布局、观感，理解并掌握事件处理机制，综合运用图形用户界面设计方法实现用户登录界面设计、职工工资录入界面设计和职工工资管理任务。

【知识储备】

10.1　GUI 介绍

在 Java 1.0 中，有设计 GUI 的基本类库 Abstract Window Toolkit，简称 AWT。AWT 库的工作原理是将处理用户界面元素的任务委派给目标平台（操作系统）的本地 GUI 工具箱，由本地 GUI 工具箱负责用户界面元素的创建和动作。

【例 10.1】 用 java.awt 类库编写一个 GUI。

```
import java.awt.Button;
import java.awt.Frame;
public class AwtDemo {
    public static void main(String[] args) {
        Frame frame = new Frame();              // 声明和创建一个窗体 frame
        Button button = new Button("An AWT button");
                                                // 声明和创建一个按钮 button
        frame.add(button);                      // 将 button 添加到 frame 上
        frame.setSize(200, 100);                // 设置 frame 的大小
        frame.setVisible(true);                 // 设置 frame 可见
    }
}
```

10-1
GUI 概述

在本例中，创建一个顶层容器窗体组件 frame，在 frame 中添加一个按钮组件 button，设置窗体的大小并使窗体可见。程序运行结果如图 10-1 所示。

图 10-1　AWT GUI 设计举例

运行程序后发现，单击窗体关闭按钮，无法正常关闭该窗体，原因是还未添加关闭窗体的事件驱动程序。在 Eclipse 开发环境中，可以通过单击 Console 窗口上的红色方形按钮强行终止程序的运行，如图 10-2 所示。

图 10-2　在 Eclipse 中终止程序的运行

AWT 利用操作系统所提供的图形库创建图形界面，但不同操作系统的图形库所提供的功能并不完全一样，这就导致一些应用程序在测试时界面非常美观，而一旦移植到其他的操作系统平台上就可能变得"惨不忍睹"。Swing 是试图解决 AWT 缺点的，在 AWT 的基础上构建的一套新的图形界面系统，是 JFC（Java Foundation Class）的一部分。它提供了 AWT 所能够提供的所有功能，并且用纯粹的 Java 代码对 AWT 的功能进行了大幅度的扩充。所有的 Swing 组件实际上也是 AWT 的一部分，组件名称是在 AWT 类库中相同功能组件名称前加上字母 J。

【例 10.2】 用 java.swing 类库编写一个 GUI。

```java
import javax.swing.JButton;
import javax.swing.JFrame;
public class SwingDemo {
    public static void main(String[] args) {
        JFrame frame = new JFrame();
        JButton button = new JButton("A swing button");
        frame.add(button);
        frame.setDefaultCloseOperation(JFrame.EXIT_ON_CLOSE); // 设置关闭窗
口时的退出操作
        frame.setSize(200, 100);
        frame.setVisible(true);
    }
}
```

本例与【例 10.1】相似，不同的是，本例提供了关闭窗体时的退出操作，因此窗体可以正常关闭，程序运行结果如图 10-3 所示。

图 10-3　Swing GUI 设计举例

综合上面两个案例，可以总结出，GUI 界面设计分为以下几步。

1）创建顶层容器窗体，作为放置其他组件的容器。

2）创建要放置在窗体上的各个组件。

3）将各个组件添加到容器上（可使用布局管理器来管理位置）。

4）处理事件响应，本例处理的是窗体关闭事件。

5）设置顶层容器组件大小。

6）使顶层容器组件可见。

10.2　容器

容器的主要作用是包容其他组件，并将它们按一定的方式排列。Java 中的容器主要分为顶层容器和中间容器。顶层容器是进行图形编程的基础，可以在其中放置若干中间容器或组件。在 Swing 中，有以下 4 种顶层容器：JWindow、JFrame、JDialog 和 JApplet。中间容器专门放置其他组件，是介于顶层容器和普通 Swing 组件中间的容器。常用的中间容器有 JPanel、JOptionPane、JMenuBar、JToolBar、JTabbedPane 等。下面介绍几种常用的顶层容器和中间容器。

10.2.1 框架（JFrame）

框架 JFrame 是带有标题、边界、窗口状态调节按钮的顶层窗口，它是构建 Swing GUI 应用程序的主窗口，也可以是附属于其他窗口的弹出窗口（子窗口），每一个 Swing GUI 应用程序都应至少包含一个框架。

JFrame 类继承 Frame 类，JFrame 类的构造方法如下。

➤ JFrame()：创建一个无标题的框架。

➤ JFrame(String title)：创建一个有标题的框架。

JFrame 类的常用方法如表 10-1 所示。

表 10-1　JFrame 类的常用方法

方　法　名	功　能　描　述
add()	将组件添加到窗体
get/setVisible	获取/设置窗体的可见状态（是否在屏幕上显示）
get/setTitle()	获取/设置窗体的标题
get/setState()	获取/设置窗体的最小化、最大化等状态
get/setLocation()	获取/设置窗体应当在屏幕上出现的位置
get/setSize()	获取/设置窗体的大小
setDefaultCloseOperation(int operation)	设置单击窗体关闭按钮时的默认操作
getContentPanel()	获取窗体的内容面板

JFrame 的例子参见【例 10.2】。

10.2.2 面板（JPanel）

面板（JPanel）是最常用的容器，经常用来放置若干组件，然后作为整体放置在顶层容器中。用这种方法实现窗体的复杂布局。

JPanel 类的常用构造方法如下。

➤ JPanel()：创建具有流布局的新面板。

➤ JPanel(LayoutManager layout)：创建具有指定布局管理器的新面板。

10-2
面板

JPanel 类的常用方法如下。

➤ add(Component comp)：添加组件到面板。

➤ setBorder(Border border)：设置面板的边框。

【例 10.3】 用 JPanel 类编写一个 GUI。

```
import javax.swing.BorderFactory;
import javax.swing.JButton;
import javax.swing.JFrame;
import javax.swing.JPanel;
```

```
public class JPanelDemo {
    public static void main(String[] args) {
        JFrame frame = new JFrame("JPanel 应用举例");
        JPanel panel = new JPanel();
        JButton button = new JButton("面板上的按钮");
        panel.setBorder(BorderFactory.createTitledBorder("JPanel 的边界"));
                            // 设置面板边界
        panel.add(button);   // 将按钮添加到面板上
        frame.add(panel);    // 将面板添加到窗体上
        frame.setSize(300, 200);
        frame.setDefaultCloseOperation(JFrame.
EXIT_ON_CLOSE);
        frame.setVisible(true);
    }
}
```

程序运行结果如图 10-4 所示。

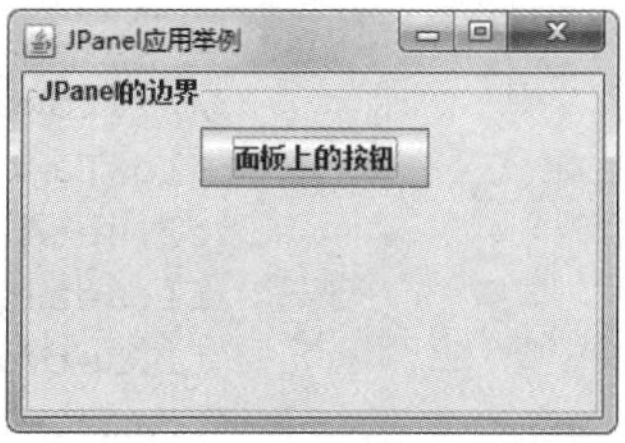

图 10-4　在窗体中添加面板

10.3　布局管理

布局管理器负责控制组件在容器中的布局。Java 语言提供了多种布局管理器，主要有 FlowLayout、BorderLayout、GridLayout 等。

10.3.1　FlowLayout 布局管理器

FlowLayout 称为流式布局管理器。在这种布局管理器中，组件一个接一个从左往右、从上到下一排一排地依次放在容器中。FlowLayout 默认为居中对齐。当容器尺寸发生变化时，组件大小不会变，但组件在容器中的位置会发生相应的变化。

FlowLayout 是容器 JPanel 的默认布局管理器。

FlowLayout 类的常用构造方法如下。

> FlowLayout()：构造一个流式布局，默认居中对齐，水平和垂直方向上的间隙是 5 个单位。

> FlowLayout(int align)：构造一个流式布局，可以设置对齐方式，水平和垂直方向上的间隙默认是 5 个单位。

> FlowLayout(int align, int hgap, int vgap)：构造一个流式布局，可以设置对齐方式、水平间距、垂直间距。

参数说明如下。

> align：对齐方式，有 3 个静态常量取值 LEFT、CENTER 和 RIGHT，分别表示左、中、右。

> hgap：水平间距，以像素为单位。

> vgap：垂直间距，以像素为单位。

FlowLayout 类的常用方法如下。

> get/setAlignment()：获取/设置此布局的对齐方式。

> get/setHgap()：获取/设置组件之间以及组件与容器的边之间的水平间距。
> get/setVgap()：获取/设置组件之间以及组件与容器的边之间的垂直间距。

【例 10.4】　使用 FlowLayout 布局管理器。

```java
import java.awt.FlowLayout;
import javax.swing.JButton;
import javax.swing.JFrame;
public class FlowLayoutDemo {
    public static void main(String[] args) {
        JFrame frame = new JFrame("流式布局管理器");
        // FlowLayout fl = new FlowLayout(FlowLayout.LEFT,10,10);
        FlowLayout fl = new FlowLayout();
        fl.setAlignment(FlowLayout.LEFT);
        fl.setHgap(10);
        fl.setVgap(10);
        frame.setLayout(fl);
        for (int i = 1; i <= 5; i++) {
            frame.add(new JButton("按钮" + i));
        }
        frame.setDefaultCloseOperation(JFrame.EXIT_ON_CLOSE);
        frame.setSize(250, 200);
        frame.setVisible(true);
    }
}
```

图 10-5　使用 FlowLayout 布局管理器

程序运行结果如图 10-5 所示。

10.3.2　BorderLayout 布局管理器

BorderLayout 称为边界布局管理器。这种布局管理器将容器版面分为 5 个区域：北区、南区、东区、西区和中区，遵循"上北下南、左西右东"的规律。5 个区域可以用 5 个常量 NORTH、SOUTH、EAST、WEST 和 CENTER 来表示。当容器的尺寸变化

10-4
BorderLayout
布局管理器

时，组件的相对位置不会改变，NORTH 和 SOUTH 组件高度不变，宽度改变，EAST 和 WEST 组件宽度不变、高度改变，中间组件尺寸变化。

BorderLayout 是容器 Window、Dialog 和 Frame 的默认布局管理器；是 JFrame、JApplet 和 JDialog 的内容窗格的默认布局管理器。

BorderLayout 类的常用构造方法如下。

> BorderLayout()：构造一个组件之间没有间距的边界布局。
> BorderLayout(int hgap, int vgap)：构造一个具有指定组件间距的边界布局。

参数说明如下。

> hgap：水平间距。
> vgap：垂直间距。

【例 10.5】　使用 BorderLayout 布局管理器。

```java
import java.awt.BorderLayout;
import javax.swing.JButton;
```

```java
import javax.swing.JFrame;
public class BorderLayoutDemo {
    public static void main(String[] args) {
        JFrame frame = new JFrame("边界布局管理器");
        frame.setLayout(new BorderLayout());
        frame.add(BorderLayout.EAST,new JButton("EAST"));
        frame.add(BorderLayout.WEST,new JButton("WEST"));
        frame.add(BorderLayout.SOUTH,new JButton("SOUTH"));
        frame.add(BorderLayout.NORTH,new JButton("NORTH"));
        frame.add(BorderLayout.CENTER,new JButton
("CENTER"));
        frame.setDefaultCloseOperation(JFrame.EXIT_
ON_CLOSE);
        frame.setSize(250, 200);
        frame.setVisible(true);
    }
}
```

图 10-6　使用 BorderLayout
布局管理器

程序运行结果如图 10-6 所示。

10.3.3　GridLayout 布局管理器

GridLayout 称为网格布局管理器。这种布局管理器通过设置行列将容器划分成大小相同的规则网格。添加组件是按照"先行后列"的顺序依次添加。当容器尺寸发生变化时，组件的相对位置不变，大小变化。

GridLayout 不是任何容器的默认布局管理器。

10-5
GridLayout
布局管理器

GridLayout 类的常用构造方法如下。

➢ GridLayout ()：创建单行单列的网格布局。

➢ GridLayout(int rows, int cols)：创建具有指定行数和列数的网格布局。

➢ GridLayout(int rows, int cols, int hgap, int vgap)：创建具有指定行数和列数且设置组件水平间距和垂直间距的网格布局。

参数说明如下。

➢ rows：行数。

➢ cols：列数。

➢ hgap：水平间距。

➢ vgap：垂直间距。

【例 10.6】　使用 GridLayout 布局管理器。

```java
import java.awt.GridLayout;
import javax.swing.JButton;
import javax.swing.JFrame;
public class GridLayoutDemo {
    public static void main(String[] args) {
        JFrame frame = new JFrame("网格布局管理器");
        frame.setLayout(new GridLayout(3,2,5,5));
        frame.add(new JButton("按钮 1"));
        frame.add(new JButton("按钮 2"));
        frame.add(new JButton("按钮 3"));
```

```
        frame.add(new JButton("按钮 4"));
        frame.add(new JButton("按钮 5"));
        frame.add(new JButton("按钮 6"));
        frame.setDefaultCloseOperation(JFrame.EXIT_
ON_CLOSE);

        frame.setSize(250, 200);
        frame.setVisible(true);
    }
}
```

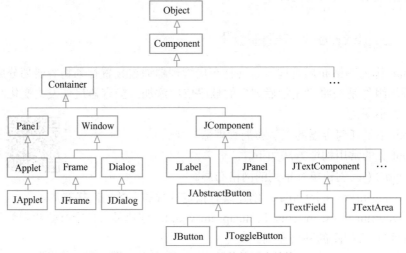

图 10-7　使用 GridLayout
布局管理器

程序运行结果如图 10-7 所示。

10.4　组件

组件是以图形化的方式显示在屏幕上并能够与用户进行交互的对象。Java 的组件有标签、按钮、文本框等数十种，如图 10-8 所示。

图 10-8　Swing GUI 组件的层次结构

10.4.1　标签（JLabel）

标签是显示文本或图片的一个静态区域，用户只能查看而不能修改其内容。
JLabel 类的常用构造方法如下。
➢ JLabel (String text)：创建具有指定文本的标签实例。
➢ JLabel (Icon image)：创建具有指定图标的标签实例。
JLabel 类的常用方法如下。
➢ get/setText()：获取/设置标签所显示文字。
➢ get/setHorizontalAlignment()：获取/设置标签内容的水平对齐方式。

10-6
标签

10.4.2　按钮（JButton）

按钮是图形用户界面中用途非常广泛的组件，用户单击它，然后

10-7
按钮

通过事件处理响应某种请求。

JButton 类的常用构造方法如下。

➢ JButton()：创建没有标签和图标的按钮。

➢ JButton(Icon icon)：创建一个带有图标的按钮。

➢ JButton(String text)：创建一个带有文本的按钮。

➢ JButton(String text, Icon icon)：创建一个带有初始文本和图标的按钮。

JButton 类的常用方法如下。

➢ get/setText()：获取/设置按钮所显示文字。

➢ get/setIcon()：获取/设置按钮的图片。

➢ get/setHorizontalAlignment()：获取/设置文本的水平对齐方式。

➢ get/setVerticalAlignment()：获取/设置文本的垂直对齐方式。

➢ get/setMnemonic()：获取/设置访问键（下画线字符），与〈Alt〉键组合，完成按钮单击功能。

【例 10.7】　各种类型的按钮示例。

```java
import java.awt.FlowLayout;
import javax.swing.ImageIcon;
import javax.swing.JButton;
import javax.swing.JFrame;
public class JButtonDemo {
    public static void main(String[] args) {
        JFrame frame = new JFrame("按钮示例");
        frame.setLayout(new FlowLayout());
        JButton btn1 = new JButton("按钮1");
        JButton btn2 = new JButton(new ImageIcon("src/icons/button.gif"));
        JButton btn3 = new JButton("前进",new ImageIcon("src/icons/button.gif"));
        frame.add(btn1);
        frame.add(btn2);
        frame.add(btn3);
        frame.setDefaultCloseOperation(JFrame.EXIT_ON_CLOSE);
        frame.setSize(200,200);
        frame.setVisible(true);
    }
}
```

程序运行结果如图 10-9 所示。

图 10-9　各种类型的按钮

10.4.3　文本框（JText）

文本框有多种，Java 的图形用户界面中提供了单行文本框、口令框和多行文本框。下面分别进行介绍。

10-8 单行文本框

1. 单行文本框（JTextField）

JTextField 是单行文本输入框，主要用来接收一些简短的用户输入，如姓名、密码等。JTextField 类的常用构造方法如下。

➢ JTextField ()：创建一个单行文本框。

➤ JTextField(int column)：创建一个指定列数的文本框。

➤ JTextField (String text)：创建一个带有初始文本的单行文本框。

➤ JTextField (String text, int column)：创建一个带有初始文本和指定列数的单行文本框。

JTextField 类的常用方法如下。

➤ get/setText()：获取/设置文本框内容。

➤ get/setFont()：获取/设置当前字体。

➤ get/setHorizontalAlignment()：获取/设置文本的水平对齐方式。

➤ get/setColumns()：获取/设置文本框的列数。

2. 口令框（JPasswordField）

10-9
口令框

口令框也是单行文本框，与 JTextField 的区别在于，口令框以某个符号代替具体的字符，一般用于输入密码。

JPasswordField 继承自 JTextField，它的构造方法与单行文本框类似，参数相同。JPasswordField 类的常用方法如下。

➤ get/setEchoChar()：获取/设置密码的回显字符。

➤ getPassword()：返回口令框的文本内容。

【例 10.8】 文本框和密码框示例。

```java
import javax.swing.JFrame;
import javax.swing.JLabel;
import javax.swing.JPanel;
import javax.swing.JPasswordField;
import javax.swing.JTextField;
public class JTextDemo {
    public static void main(String[] args) {
        JFrame frame = new JFrame("文本框示例");
        JPanel panel = new JPanel();
        JTextField jtf1 = new JTextField();            // 创建单行文本框
        JTextField jtf2 = new JTextField(15);          // 创建列数为15的单行文本框
        JPasswordField jpf = new JPasswordField();     // 创建密码框
        JLabel label = new JLabel();

        jtf1.setText("这是一个不可编辑的单行文本框");
        jtf1.setEditable(false);   // 设置文本框不可编辑
        jpf.setText("这是密码信息，界面显示*");
        jpf.setEchoChar('*');
        char[] pwd = jpf.getPassword();
        label.setText(String.valueOf(pwd));
        panel.add(jtf1);
        panel.add(jtf2);
        panel.add(jpf);
        panel.add(label);
        frame.add(panel);

        frame.setDefaultCloseOperation(JFrame.EXIT_ON_CLOSE);
        frame.setSize(200,200);
        frame.setVisible(true);
    }
}
```

图 10-10 文本框与密码框
的使用示例

程序运行结果如图 10-10 所示。

3．多行文本框（JTextArea）

JTextArea 用来编辑多行文本。

JTextArea 类的常用构造方法如下。

- ➤ JTextArea()：创建一个多行文本框。
- ➤ JTextArea(int rows, int columns)：创建一个指定行数和列数的多行文本框。
- ➤ JTextArea(String text)：创建一个带有初始文本的多行文本框。
- ➤ JTextArea(String text, int rows, int columns)：创建一个带有初始文本并指定行数和列数的多行文本框。

JTextArea 类的常用方法如下。

- ➤ get/setText()：获取/设置文本框的内容。
- ➤ get/setRows()：获取/设置多行文本框的行数。
- ➤ get/setColumns()：获取/设置多行文本框的列数。
- ➤ get/setLineWrap()：获取/设置是否允许自动换行。
- ➤ append(String str)：将给定文本追加到文档末尾。
- ➤ insert(String str, int pos)：将指定文本插入到指定位置。

【例 10.9】　多行文本框示例。

```java
import java.awt.FlowLayout;
import javax.swing.JFrame;
import javax.swing.JTextArea;
public class JTextAreaDemo {
    public static void main(String[] args) {
        JFrame frame = new JFrame();
        frame.setLayout(new FlowLayout());
        JTextArea jta1 = new JTextArea("第一个多行文本框");
        jta1.append("&无自动换行");

        JTextArea jta2 = new JTextArea(5,10);
        jta2.setLineWrap(true);
        jta2.setText("第二个多行文本框可以自动换行");
        jta2.insert("&", 8);

        frame.add(jta1);
        frame.add(jta2);
        frame.setDefaultCloseOperation(JFrame.EXIT_
ON_CLOSE);
        frame.setSize(200,200);
        frame.setVisible(true);
    }
}
```

图 10-11　多行文本框示例

程序运行结果如图 10-11 所示。

10.4.4　复选框（JCheckBox）

复选框是一组具有开关的按钮，复选框支持多项选择。

JCheckBox 类的常用构造方法如下。

➤ JCheckBox()：创建一个没有文本、没有图标并且最初未被选定的复选框。

➤ JCheckBox(Icon icon)：创建有一个图标、最初未被选定的复选框。

➤ JCheckBox(Icon icon, boolean selected)：创建一个带图标的复选框，并指定其最初是否处于选定状态。

➤ JCheckBox(String text)：创建一个带文本的、最初未被选定的复选框。

➤ JCheckBox(String text, boolean selected)：创建一个带文本的复选框，并指定其最初是否处于选定状态。

➤ JCheckBox(String text, Icon icon)：创建带有指定文本和图标的、最初未被选定的复选框。

➤ JCheckBox(String text, Icon icon, boolean selected)：创建一个带文本和图标的复选框，并指定其最初是否处于选定状态。

JCheckBox 类的常用方法如下。

➤ setSelected(boolean selected)：设置按钮是否被选中。

➤ isSelected()：返回按钮当前的选中状态。

JCheckBox 触发事件是 ItemEvent，需要实现的监听器为 ItemListener，重写其中的 itemStateChanged()方法来处理事件。

10.4.5　单选按钮（JRadioButton）

单选按钮也是具有开关的按钮，它实现的功能是"多选一"。

JRadioButton 的构造方法和常用方法与 JCheckBox 类似。JRadioButton 一次只可以选择一个按钮，在实际应用中，一般将几个单选按钮作为一组，通过组 ButtonGroup 保证每次只能选中一个按钮。

10-12
单选按钮

【例 10.10】　复选框和单选按钮示例。

```java
import javax.swing.ButtonGroup;
import javax.swing.JCheckBox;
import javax.swing.JFrame;
import javax.swing.JLabel;
import javax.swing.JPanel;
import javax.swing.JRadioButton;
public class JCheckBoxJRadioButtonDemo {
    public static void main(String[] args) {
        JFrame frame = new JFrame("单选框复选框示例");
        JCheckBox jcb1=new JCheckBox("踢足球");
        JCheckBox jcb2=new JCheckBox("打篮球");
        JCheckBox jcb3=new JCheckBox("打乒乓球");
        JCheckBox jcb4=new JCheckBox("打羽毛球");
        JLabel lbl = new JLabel("选择喜爱的运动:");

        JLabel lbl_xb = new JLabel("性别");
        JRadioButton jrb1 = new JRadioButton("男",true);
        JRadioButton jrb2 = new JRadioButton("女");
        ButtonGroup bg = new ButtonGroup();  // 创建分组对象，将jrb1和jrb2放在一组
        bg.add(jrb1);
        bg.add(jrb2);
```

```
        JPanel panel = new JPanel();
        panel.add(lbl);
        panel.add(jcb1);
        panel.add(jcb2);
        panel.add(jcb3);
        panel.add(jcb4);

        panel.add(lbl_xb);
        panel.add(jrb1);
        panel.add(jrb2);

        frame.add(panel);

        frame.setDefaultCloseOperation(JFrame.EXIT_ON_CLOSE);
        frame.setSize(420,200);
        frame.setVisible(true);
    }
}
```

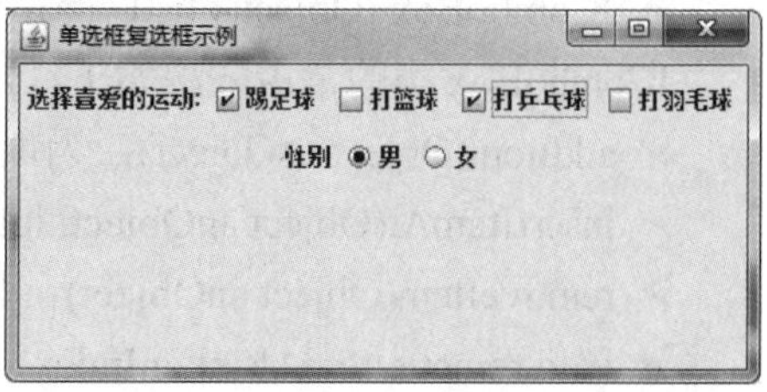

图 10-12　复选框和单选按钮示例

程序运行结果如图 10-12 所示。

10.4.6　列表框（JList）

列表框 JList 支持从一个列表项中选择一个或多个选项，默认状态下支持单选。
JList 类的常用构造方法如下。

- ➢ JList()：创建一个单选的列表框。
- ➢ JList(Object[] listData)：利用数组对象创建一个单选的列表框。

JList 类的常用方法如下。

- ➢ int getSelectedIndex()：返回列表中第一个被选择的项目的索引，-1 表示没有选中项。
- ➢ int[] getSelectedIndices()：返回所选的全部索引的数组（按升序排列）。
- ➢ Object getSelectedValue()：返回列表中第一个被选择的项目的名称，如果没选中项，则返回 null。
- ➢ getSelectedValues()：返回所有选择值的数组，根据其列表中的索引顺序按升序排序。
- ➢ isSelectedIndex(int index)：如果选择了指定的索引，则返回 true，否则返回 false。
- ➢ setSelectedIndex(int index)：选择指定索引的条目。
- ➢ setSelectedIndices(int[] indices)：选择指定索引数组的条目。
- ➢ setSelectedValue(Object anObject, boolean shouldScroll)：选择指定的对象。

- ➢ SelectionMode(int selectionMode)：设置列表的选择模式。

10.4.7　组合框（JComboBox）

组合框也支持让用户在多个条目中进行选择。组合框会将条目隐藏起来，只有用户单击时才会以下拉列表的形式显示，以供用户选择。

JComboBox 类的常用构造方法如下。

➢ JComboBox()：创建具有默认数据模型的组合框。

➢ JComboBox (Object[] listData)：创建包含指定数组中的元素的组合框。

JComboBox 类的常用方法如下。

➢ addItem(Object anObject)：为项列表添加项。

➢ insertItemAt(Object anObject, int index)：在项列表中的给定索引处插入项。

➢ removeItem(Object anObject)：从项列表中移除项。

➢ void removeItemAt(int anIndex)：移除给定索引处的项。

➢ removeAllItems()：从项列表中移除所有项。

➢ getItemAt(int index)：返回指定索引处的列表项。

➢ getItemCount()：返回列表中的项数。

➢ getSelectedItem()：返回当前所选项。

➢ getSelectedIndex()：返回当前所选项的索引。

【例 10.11】 列表框和组合框示例。

```java
import java.awt.BorderLayout;
import java.awt.GridLayout;
import javax.swing.BorderFactory;
import javax.swing.JComboBox;
import javax.swing.JFrame;
import javax.swing.JList;
import javax.swing.JPanel;
import javax.swing.ListSelectionModel;
public class JListDemo {
    public static void main(String[] args) {
        JFrame frame = new JFrame("列表框和组合框示例");
        JComboBox cbo_year = new JComboBox();
        JComboBox cbo_month = new JComboBox();
        JComboBox cbo_day = new JComboBox();
        JPanel panel_cbo = new JPanel();
        panel_cbo.setBorder(BorderFactory.createTitledBorder("请选择年-月-日："));
        panel_cbo.add(cbo_year);
        panel_cbo.add(cbo_month);
        panel_cbo.add(cbo_day);

        int i;
        for (i=2000;i<=2020;i++)
            cbo_year.addItem(i);
        for (i=1;i<=12;i++)
            cbo_month.addItem(i);
        for (i=1;i<=31;i++)
            cbo_day.addItem(i);

        String[] fruit={"苹果","香蕉","芒果","香梨","柚子"};
        JList list = new JList(fruit);
        list.setSelectionMode(ListSelectionModel.MULTIPLE_INTERVAL_SELECTION);
        JPanel panel_list = new JPanel(new GridLayout(1,1));
        panel_list.setBorder(BorderFactory.createTitledBorder("请选择喜爱的水果："));
```

```
                panel_list.add(list);

                frame.setLayout(new BorderLayout());
                frame.add(BorderLayout.NORTH,panel_
cbo);
                frame.add(BorderLayout.CENTER,panel_
list);
                frame.setDefaultCloseOperation(JFrame.
EXIT_ON_CLOSE);
                frame.setSize(300,250);
                frame.setVisible(true);
        }
    }
```

程序运行结果如图 10-13 所示。

图 10-13　列表框和组合框示例

回顾本章的【例 10.1】，在这个例子中单击"关闭"按钮时不能关闭窗口，这是由于代码中没有为 AWT 的 Frame 设置监听器，因此窗口不知道如何处理关闭按钮事件。

下面为这个程序增加关闭窗口的事件处理功能。

【例 10.12】　关闭窗口的监听器：外部类形式。

> 10-15
> 事件处理介绍

```
    import java.awt.Button;
    import java.awt.Frame;
    import java.awt.event.WindowAdapter;
    import java.awt.event.WindowEvent;
    public class AwtEventDemo {
        public static void main(String[] args) {
            Frame frame = new Frame();
            Button button = new Button("An AWT button");
            frame.add(button);
            frame.setSize(200, 100);
            frame.addWindowListener(new CloseMe());    // 注册监听器
            frame.setVisible(true);
        }
    }
    class CloseMe extends WindowAdapter {              // 声明监听器
        public void windowClosing(WindowEvent evt) {    // 实现/覆盖监听器中的方法
            System.exit(0);                             // 退出程序
        }
    }
```

代码中定义了一个名为 CloseMe 的 Windows 事件处理类（即监听器），它继承 WindowAdapter 类，覆盖了 windowClosing()方法，当出现关闭窗口事件时将执行这个方法，这个方法只有一行语句：

```
System.exit(0);
```

即退出应用程序。在主方法中用 addWindowListener()方法为 frame 注册这个监听器的实例。这时 frame 会将监听到的各种窗口事件都交给 CloseMe 的实例处理,该实例接收到关闭窗口的事件时,调用 windowClosing(),退出应用程序。

在这个例子中,监听器类必须实现 WindowListener 接口(或继承 WindowAdapter 抽象类,WindowAdapter 类称为适配器,它是 WindowListener 接口的抽象实现),并且为需要关注的事件编写相应的处理程序,为关闭窗口事件编写处理程序 windowClosing(),即退出应用程序。

10.5.2 使用内部类和匿名类作为监听器

由于监听器类常常是为一个类而编写的,用过之后就不再使用了,因此常常写成内部类的形式或匿名类的形式,例子见【例 10.13】和【例 10.14】。

【例 10.13】 关闭窗口的监听器:内部成员类形式。

```java
import java.awt.Button;
import java.awt.Frame;
import java.awt.event.WindowAdapter;
import java.awt.event.WindowEvent;
public class AwtDemo2 {
    public static void main(String[] args) {
        Frame frame = new Frame();
        Button button = new Button("An AWT button.");
        frame.add(button);
        frame.setSize(200,100);
        AwtDemo2 AwtDemo2 = new AwtDemo2();
        frame.addWindowListener(AwtDemo2.new CloseMe());
                                           // 注册监听器,注意 new 的用法
        frame.setVisible(true);
    }
    class CloseMe extends WindowAdapter {        // 将监听器声明为内部类
        public void windowClosing(WindowEvent evt) {
            System.exit(0);
        }
    }
}
```

上述代码是内部成员类的形式,内部类即类中的类,注意观察花括号的嵌套情况。创建内部类实例的语句比较特殊。

```java
frame.addWindowListener(AwtDemo2.new CloseMe());
```

在 new 关键字前面要加上外部类的对象,由外部类的实例来创建内部类。

```java
AwtDemo2.new CloseMe()
```

内部类有名字,但只能在定义它的类的内部使用。监听器类常常只使用一次,因此可以采用匿名类,即没有名字的类。

【例 10.14】 关闭窗口的监听器:匿名类形式。

```java
import java.awt.Button;
```

```java
import java.awt.Frame;
import java.awt.event.WindowAdapter;
import java.awt.event.WindowEvent;
public class AwtDemo3 {
    public static void main(String[] args) {
        Frame frame = new Frame();
        Button button = new Button("An AWT button.");
        frame.add(button);
        frame.setSize(200,100);
        frame.addWindowListener(new WindowAdapter() {    // 匿名类作为监听器
            public void windowClosing(WindowEvent evt) {
                System.exit(0);
            }
        });
        frame.setVisible(true);
    }
}
```

frame.addWindowListener()方法的参数是一个 new{}的结构，而在花括号中是一个类的定义，它与普通的类定义完全相同。因为这里所创建的类是继承 WindowAdapter 的，所以还必须在创建时指定其类型 WindowAdapter()。

内部类有一个好处：在事件处理类中能够访问外部类的成员变量或方法。而匿名类则只能访问外部类的静态成员变量和静态成员方法。

10.5.3　事件处理模型

在 AWT 事件模型中（见图 10-14），组件可以发起（触发）一个事件。每种事件的类型由不同的类表示，例如前述例子的窗口事件 WindowEvent，该事件触发后，它将被传递到监听器 WindowListener（WindowAdapter 是对应监听器的适配器，见后面的讨论），而监听器
则负责事件的处理。在这个模型中，事件发生的地方与事件处理的地方是分开的，因此编写程序时可以将注意力集中在事件处理上，即集中精力编写监听器的代码。

图 10-14　事件处理模型

监听器是一个实现特定类型监听器接口的类对象，例如鼠标监听器必须实现 MouseListener 接口，然后将它注册（添加）到将要触发事件的组件上，这个过程是通过组件的 addMouseListener()方法来实现的。

因此，编写事件处理的过程如下（见图 10-14）。

① 创建一个组件，并设置其有关属性，如显示的大小和位置等。

② 为该组件编写某种事件的监听器类（实现监听器接口或继承适配器），可以用外部类、内部类或匿名类的形式。

③ 通过组件的 addXXXListener()注册监听器类的实例。如果采用匿名类的形式，监听器的声明、创建和注册同时完成。

程序运行时，AWT 处理事件的流程如下。（见图 10-14）：

1）用户与界面交互，执行一个操作。

2）组件响应操作，产生一个事件对象。

3）组件将事件对象传递给监听器。

4）监听器根据事件的具体内容执行相应的操作。

事件处理模型的核心思想是事件发生的地方（①组件）和事件处理的地方（②监听器）是分离的，并且通过监听器接口来规范事件的处理，处理某种事件就必须使用相应的监听器接口。这是一个分离接口和实现的典型例子。

10.5.4　事件、监听器和适配器

1. 事件类

AWT 事件共有 10 种（见表 10-2），可以分为两大类：低级事件和高级事件。

10-17
事件和监听器

（1）低级事件

低级事件是指基于组件和容器的事件，例如鼠标的单击、拖放等，或键盘的按键等。低级事件有 6 种。

➢ ComponentEvent 组件事件：组件的显示、隐藏、移动、大小的变化等。

➢ ContainerEvent 容器事件：容器中组件的增加、移除等。

➢ FocusEvent 焦点事件：焦点的获得、失去等。

➢ KeyEvent 键盘事件：按键的按下、释放、输入等。

➢ MouseEvent 鼠标事件：有两类，一类是鼠标单击，另一类是鼠标移动拖放等。

➢ WindowEvent 窗口事件：窗口的打开、关闭、激活、失活、最大化或最小化等。

（2）高级事件

高级事件是基于语义的事件，它不与特定的组件相关联，而依赖于触发此事件动作的语义，例如按下按钮时触发 ActionEvent 事件，在 TextField 中按〈Enter〉键也会触发 ActionEvent 事件。高级事件有以下 4 种。

➢ ActionEvent 动作事件：按钮按下、TextField 中按〈Enter〉键等。

➢ AdjustmentEvent 调节事件：在滚动条上移动滑块引起数值改变等。

➢ ItemEvent 项目事件：指示项被选定、取消选定等状态改变。

➢ TextEvent 文本事件：文本对象改变等。

2. 监听器接口

每种事件都有对应的监听器，监听器是接口，AWT 的监听器有 11 种，其中 MouseEvent 事件有 MouseListener 和 MouseMotionListener 两种监听器（见表 10-2）。监听器定义了与该事件的动作有关的方法，这些方法都有一个参数，接收事件源传递来的事件对象，这个事件对象包含了许多有用的信息。例如，与鼠标事件 MouseEvent 相对应的接口是：

```
public interface MouseListener extends EventListener {
```

```
    public void mouseClicked(MouseEvent e);      // 鼠标按键在组件上单击（按下
                                                 // 并释放）时调用
    public void mouseEntered(MouseEvent e);      // 鼠标进入到组件上时调用
    public void mouseExited(MouseEvent e);       // 鼠标离开组件时调用
    public void mousePressed(MouseEvent e);      // 鼠标按键在组件上按下时调用
    public void mouseReleased(MouseEvent e);     // 鼠标按钮在组件上释放时调用
}
```

该接口定义了 5 个与动作有关的方法：鼠标单击、鼠标进入、鼠标离开、鼠标按下和鼠标释放。Java 运行时系统时刻监听鼠标，当出现上述动作时就调用对应的方法，并将鼠标位置等信息通过事件对象传递给对应的方法。从【例 10.15】中可以了解鼠标事件所包含的信息。

【例 10.15】 鼠标事件的处理。

10-18
例 10.15 讲解

```java
import java.awt.event.MouseEvent;
import java.awt.event.MouseListener;
import javax.swing.JFrame;
import javax.swing.JLabel;
public class MouseEventDemo {
    JFrame frame = new JFrame("鼠标事件示例");
    JLabel label = new JLabel();

    public MouseEventDemo(){
        frame.add(label);
        frame.addMouseListener(new MouseListener(){
            public void mouseClicked(MouseEvent e) {
                int x = e.getX();
                int y = e.getY();
                label.setText("您单击了鼠标，鼠标当时的位置是：("+x+","+y+")");
            }
            public void mouseEntered(MouseEvent e) {
                label.setText("鼠标此时进入了窗体中");
            }
            public void mouseExited(MouseEvent e) {
                label.setText("鼠标此时离开了窗体");
            }
            public void mousePressed(MouseEvent e) {
                label.setText("您按下了鼠标");
            }
            public void mouseReleased(MouseEvent e) {
            }
        });
        frame.setDefaultCloseOperation(JFrame.EXIT_ON_CLOSE);
        frame.setSize(300,200);
        frame.setVisible(true);
    }
    public static void main(String[] args) {
        new MouseEventDemo();
    }
}
```

程序运行结果如图 10-15 所示。

图 10-15 鼠标事件示例

3. 注册和注销监听器

AWT 的组件和容器都有两个方法，分别用于注册监听器和注销监听器。

```
public void add<ListenerType>(<ListenerType>listener);
public void remove<ListenerType>(<ListenerType>listener);
```

4. 适配器抽象类

当实现监听器接口时，需要实现接口中的所有方法，即使是不需要的方法也必须实现（空实现），导致代码冗长，为了简化监听器类的编写而引入了适配器。适配器是监听器接口的抽象实现，并为所有方法定义了空实现。例如 MouseAdapter 的声明是：

```java
import java.awt.event.MouseEvent;
import java.awt.event.MouseListener;
public abstract class MouseAdapter implements MouseListener {
    public void mouseClicked(MouseEvent arg0) {
    }
    public void mouseEntered(MouseEvent arg0) {
    }
    public void mouseExited(MouseEvent arg0) {
    }
    public void mousePressed(MouseEvent arg0) {
    }
    public void mouseReleased(MouseEvent arg0) {
    }
}
```

因此，当需要实现一个监听器接口时，可以有两种方式：实现监听器接口，并实现所有方法；继承对应的适配器，覆盖需要的方法。

在【例 10.15】中，实现了 MouseListener 接口，因此，要实现所有的抽象方法，故 mouseReleased 事件没有任何代码，也必须实现。改用继承 MouseAdapter 类，只须覆盖需要的方法，程序可修改为：

```java
frame.addMouseListener(new MouseAdapter() {
    public void mouseClicked(MouseEvent e) {
        int x = e.getX();
        int y = e.getY();
        label.setText("您单击了鼠标，鼠标当时的位置是：("+x+","+y+")");
    }
    public void mouseEntered(MouseEvent e) {
        label.setText("鼠标此时进入了窗体中");
    }
```

```
    public void mouseExited(MouseEvent e) {
        label.setText("鼠标此时离开了窗体");
    }
    public void mousePressed(MouseEvent e) {
        label.setText("您按下了鼠标");
    }
});
```

AWT 适配器有 7 种（见表 10-2），分别对应 7 种监听器，另外 4 种监听器只有一个方法，因此不需要相应的适配器。

表 10-2 事件、监听器接口和适配器

	事 件	监听器接口	方 法	适配器抽象类
高级事件	ActionEvent	ActionListener	actionPerformed(ActionEvent)	
	AdjustmentEvent	AdjustmentListener	adjustmentValueChanged(AdjustmentEvent)	
	ItemEvent	ItemListener	itemStateChanged(ItemEvent)	
	TextEvent	TextListener	textValueChanged(TextEvent)	
低级事件	ComponentEvent	ComponentListener	componentShown(ComponentEvent)	ComponentAdapter
			componentHidden(ComponentEvent)	
			componentMoved(ComponentEvent)	
			componentResized(ComponentEvent)	
	ContainerEvent	ContainerListener	componentAdded(ContainerEvent)	ContainerAdapter
			componentRemoved(ContainerEvent)	
	FocusEvent	FocusListener	focusGained(FocusEvent)	FocusAdapter
			focusLost(FocusEvent)	
	KeyEvent	KeyListener	keyPressed(KeyEvent)	KeyAdapter
			keyReleased(KeyEvent)	
			keyTyped(KeyEvent)	
	MouseEvent	MouseListener	mouseClicked(MouseEvent)	MouseAdapter
			mousePressed(MouseEvent)	
			mouseReleased(MouseEvent)	
			mouseEntered(MouseEvent)	
			mouseExited(MouseEvent)	
		MouseMotionListener	mouseMoved(MouseEvent)	MouseMotionAdapter
			mouseDragged(MouseEvent)	
	WindowEvent	WindowListener	windowOpened(WindowEvent)	WindowAdapter
			windowActivated(WindowEvent)	
			windowDeactivated(WindowEvent)	
			windowIconified(WindowEvent)	
			windowDeiconified(WindowEvent)	
			windowClosing(WindowEvent)	
			windowClosed(WindowEvent)	

AWT 的事件处理比较灵活，例如，一个事件处理类可以实现多个监听器接口，从而具备处

理多个事件的能力:

```
class Listener implements MouseMotionListener, MouseListener, WindowListener {
    // ...
}
```

一个对象可以监听多种事件:

```
Listener listener = new Listener();
frame.addMouseListener(listener);
frame.addMouseMotionListener(listener);
frame.addWindowListener(listener);
```

【任务实现】

工作任务 15　职工工资管理主界面

1. 任务描述

本任务设计职工工资录入界面。职工工资管理主界面需要提供职工编号、职工姓名、部门、性别、手机号、身份证号、邮件、基本工资、津贴和奖金等信息的输入框,以及添加、删除、保存、读取和浏览信息的命令按钮。

2. 相关知识

本任务的实现,需要掌握图形界面编程的基础知识,掌握 JTextField、JLabel、JComboBox、JRadioButton 等组件的定义和使用方法,综合运用各组件、容器和布局管理器类解决实际问题。

3. 任务设计

1) 定义 EmployeeSalaryMgrSys 类,并继承 JFrame 类,使该类本身就是一个窗体。

2) 定义职工工资管理界面所需要的各个组件。

3) 定义构造方法,在构造方法中:

① 定义职工工资管理各字段的字段标记,如 JLabel lName = **new** JLabel("姓名")。

② 为所有按钮定义 ActionCommand 属性,以便在监听器中识别各按钮。

③ 将各输入框设置为不可编辑状态,只有在单击"从文件读取"和"添加一个职工"按钮后,才改为可编辑状态。

④ 定义面板对象,将各组件添加到面板上,并用布局管理器进行管理。

⑤ 设置窗体大小。

⑥ 使窗体可见。

4) 在主方法中,调用构造方法。

4. 任务实施

```
package task15;
import java.awt.Dimension;
```

```java
import java.awt.FlowLayout;
import javax.swing.ButtonGroup;
import javax.swing.JButton;
import javax.swing.JComboBox;
import javax.swing.JFrame;
import javax.swing.JLabel;
import javax.swing.JPanel;
import javax.swing.JRadioButton;
import javax.swing.JTextField;
public class EmployeeSalaryMgrSys extends JFrame {
    // 用于显示和输入的输入框，每个属性一个输入框
    JTextField sId = new JTextField(16);                        // ID
    JTextField name = new JTextField(16);                       // 姓名
    String[] s = {"软件技术系","计算机技术系","网络技术系"};
    JComboBox department = new JComboBox(s);                    // 职工部门
    JRadioButton male = new JRadioButton("男",true);
    JRadioButton female = new JRadioButton("女",false);
    ButtonGroup bg = new ButtonGroup();
    JTextField phone = new JTextField(16);                      // 联系方式
    JTextField cardID = new JTextField(18);                     // 身份证
    JTextField email = new JTextField(16);                      // 邮件
    JTextField basicwage = new JTextField(14);                  // 基本工资
    JTextField allowance = new JTextField(16);                  // 津贴
    JTextField bonus = new JTextField(16);                      // 奖金
    JLabel lMsg = new JLabel("记录数：");                        // 状态显示标签

    public static void main(String[] args) {
        // 主方法，调用构造方法
        new EmployeeSalaryMgrSys();
    }
    // 构造方法
    public EmployeeSalaryMgrSys(){
        // 设置窗口标题和关闭时的动作
        super("职工工资管理系统");
        this.setDefaultCloseOperation(JFrame.EXIT_ON_CLOSE);

        // 创建一个 JPanel，它将被加入到 JFrmae 中
        JPanel p = new JPanel();
        // 用简单的流布局
        p.setLayout(new FlowLayout());

        // 字段标记
        JLabel lId = new JLabel("ID：");
        JLabel lName = new JLabel("姓名");
        JLabel lDepartment = new JLabel("部门");
        JLabel lSex = new JLabel("性别");
        JLabel lCardID = new JLabel("身份证号");
        JLabel lPhone = new JLabel("手机");
        JLabel lEmail = new JLabel("邮件");
        JLabel lBasicwage = new JLabel("基本工资");
        JLabel lAllowance = new JLabel("津贴");
```

```java
JLabel lBonus = new JLabel("奖金");

// 所有的按钮, 每个按钮都有一个对应的 ActionCommand
//   ActionCommand 用于在监听器中识别不同的按钮
JButton saveInfo = new JButton("保存到文件");
saveInfo.setActionCommand("save");
JButton readInfo = new JButton("从文件读取");
readInfo.setActionCommand("read");
JButton prevInfo = new JButton("上一条记录");
prevInfo.setActionCommand("prev");
JButton nextInfo = new JButton("下一条记录");
nextInfo.setActionCommand("next");
JButton newInfo = new JButton("添加一个职工");
newInfo.setActionCommand("new");
JButton delInfo = new JButton("删除当前职工");
delInfo.setActionCommand("del");

// 输入框不可编辑, 在读入文件或添加职工后改为可编辑
setEditable(false);

// 依次添加标签和文本输入框
p.add(lId);
p.add(sId);

p.add(lName);
p.add(name);

department.setPreferredSize(new Dimension(180,30));
p.add(lDepartment);
p.add(department);

bg.add(male);
bg.add(female);

JPanel p2 = new JPanel();
p2.setPreferredSize(new Dimension(250,30));
p2.add(lSex);
p2.add(male);
p2.add(female);
p.add(p2);

p.add(lPhone);
p.add(phone);

p.add(lCardID);
p.add(cardID);

p.add(lEmail);
p.add(email);

p.add(lBasicwage);
```

```
            p.add(basicwage);
            p.add(lAllowance);
            p.add(allowance);
            p.add(lBonus);
            p.add(bonus);
            // 添加按钮
            p.add(saveInfo);
            p.add(readInfo);
            p.add(prevInfo);
            p.add(nextInfo);
            p.add(newInfo);
            p.add(delInfo);

            // 添加状态显示标签
            p.add(lMsg);

            // 上述标签、文本输入框、按钮都是在 JPanel 上的
            // 将 JPanel 加入到类本身, 因为类是继承 JFrame 的
            // 所以这个类就是 JFrame
            this.add(p);

            // 设置大小和显示
            this.setSize(250, 450);
            this.setVisible(true);

            // 外观界面编写完成
    }
    void setEditable(boolean editable){
            // 设置文本框为可编辑或不可编辑
            sId.setEditable(editable);
            name.setEditable(editable);
            department.setEditable(editable);
            male.setEnabled(editable);
            female.setEnabled(editable);
            cardID.setEditable(editable);
            phone.setEditable(editable);
            email.setEditable(editable);
            basicwage.setEditable(editable);
            allowance.setEditable(editable);
            bonus.setEditable(editable);
    }
}
```

图 10-16　职工工资管理主界面

5. 运行结果

程序运行结果如图 10-16 所示。

6. 任务小结

本任务实现了职工工资管理系统的工资管理主界面。程序使用 JLabel 组件定义字段标记和状态显示标记，使用 JTextField 接收姓名等单行文本输入，使用 JComboBox 组件选择职工所在部门，使用 JRadioButton 组件选择职工性别，将各组件添加到面板上，通过流式布局管理器设

计界面布局，综合运用容器类、布局管理器类和组件类设计了职工工资管理主界面。

工作任务 16　职工工资管理实现

1. 任务描述

本任务设计职工工资管理程序，实现输入个人信息、工资信息（基本工资、月津贴、奖金）后，将上述信息存储在文件 emp.dat 中，后期可读取文件中的工资信息并显示在可视化窗体中。

10-20
工作任务 16

2. 相关知识

本任务的实现，需要掌握可视化界面设计的方法，掌握文件读取和保存的程序设计方法，并综合运用各组件、容器、布局管理器类和事件处理解决实际问题。

3. 任务设计

1）将工作任务 15 的 EmployeeSalaryMgrSys.java 复制到 task16。

2）导入工作任务 14 的各个类，包括职工工资类、公司类、自定义异常类及公司数据访问类。

➢ import task14.dao.CompanyDao;

➢ import task14.model.Company;

➢ import task14.model.EmployeeSalary;

➢ import task14.model.ValidatorException;

3）在 EmployeeSalaryMgrSys 类中添加所需的数据成员。

4）为 JButton 按钮添加监听器。

5）在 EmployeeSalaryMgrSys 类中添加事件处理相关方法。

➢ getEmployeeSalary()方法，实现读取当前职工信息并显示到屏幕上。

➢ putEmployeeSalary()方法，实现将用户修改的信息存入 company 类的 map 对象中。

➢ showMsg()方法，在窗体上显示浏览记录的信息。

➢ actionPerformed()方法，对不同的按钮编写事件处理程序，以响应用户操作。

4. 任务实施

1）将工作任务 15 的 EmployeeSalaryMgrSys.java 复制到工作任务 16。

2）导入工作任务 14 的各个类，包括职工工资类、公司类、自定义异常类及公司数据访问类，程序代码如下。

```
import task14.dao.CompanyDao;
import task14.model.Company;
import task14.model.EmployeeSalary;
import task14.model.ValidatorException;
```

3）修改工作任务 14 中的 Employee 类的无参的构造方法，实现职工编号的自动生成，程序代码如下。

```
// 无参的构造方法
public Employee() {
```

```
        id = UUID.randomUUID().toString();
    }
```

4）在工作任务 15 的基础上，为 EmployeeSalaryMgrSys 类实现监听器，程序代码如下。

```
public class EmployeeSalaryMgrSys extends JFrame implements ActionListener
```

5）在工作任务 15 的基础上，在 EmployeeSalaryMgrSys 类中添加数据成员，程序代码如下。

```
// 通过公司对象管理公司职工
private Company company = new Company();
// 当前显示的职工的索引号
private int currentEmployeeSalary = 0;
// 部门职工信息串行化后保存的文件名
String fileName = "d:/emp.dat";
```

6）为 JButton 按钮添加监听器，程序代码如下。

```
// 监听器是 this，因为类本身实现了 ActionListener
// 并且覆盖了必需的 actionPerformed()方法
saveInfo.addActionListener(this);
readInfo.addActionListener(this);
prevInfo.addActionListener(this);
nextInfo.addActionListener(this);
newInfo.addActionListener(this);
delInfo.addActionListener(this);
```

7）在工作任务 15 的基础上，在 EmployeeSalaryMgrSys 类中添加事件驱动程序，程序代码如下。

```
// 读取当前职工信息并显示到屏幕上
private void getEmployeeSalary() {
    // 读取职工工资信息
    EmployeeSalary e = company.getEmployeeSalary(currentEmployeeSalary);
    // 将信息显示到输入文框中
    sId.setText(e.getId());
    name.setText(e.getName());
    department.setSelectedItem(e.getDepartment());
    if (e.getSex() == '男')
        male.setSelected(true);
    if (e.getSex() == '女')
        female.setSelected(true);
    phone.setText(e.getPhone());
    cardID.setText(e.getCardID());
    email.setText(e.getEmail());
    basicwage.setText(Float.toString(e.getBasicwages()));
    allowance.setText(Float.toString(e.getAllowance()));
    bonus.setText(Float.toString(e.getBonus()));
}
// 将用户修改的信息存入 company 类的 map 对象中
private boolean putEmployeeSalary() {
    if (company.getMap().size() == 0) {
        // 如果 company 中没有职工，应该加一条记录
        company.insertEmployeeSalary(new EmployeeSalary());
```

```
            currentEmployeeSalary = 0;
        }
    // 读取当前的职工工资信息
    EmployeeSalary es = company.getEmployeeSalary(currentEmployeeSalary);
    try {
        // 将文本输入框的内容更新到职工信息中
        // 注意：这里异常的处理
        es.setId(sId.getText());
        es.setName(name.getText());
        es.setDepartment(department.getSelectedItem().toString());
        if (male.isSelected())
            es.setSex('男');
        if (female.isSelected())
            es.setSex('女');
        es.setCardID(cardID.getText());
        es.setPhone(phone.getText());
        es.setEmail(email.getText());
        es.setBasicwages(Float.parseFloat(basicwage.getText()));
        es.setAllowance(Float.parseFloat(allowance.getText()));
        es.setBonus(Float.parseFloat(bonus.getText()));
    } catch (ValidatorException e) {
        //   ValidatorException 是在前面的项目中的自定义异常
        showMsg(e.getMessage());
        return false;
    }
    // 更新，即更新当前的学生信息
    company.updateEmployeeSalary(es.getId(), es);
    return true;
}
void showMsg(String msg) {
    // 显示一个对话框和提示信息
    JOptionPane.showMessageDialog(this, msg);
}
public void actionPerformed(ActionEvent e) {
    // 在监听器中实现按钮的功能
    boolean hasMsg = false;
    if ("new".equals(e.getActionCommand())) {
        if (company.getMap().size() > 0) {
            if (!putEmployeeSalary()) {
                // 没有通过校验，因此不能继续
                return;
            }
        }
    } else if (!"read".equals(e.getActionCommand())) {
        if (!putEmployeeSalary()) {
            // 没有通过校验，因此不能继续
            return;
        }
    }
```

```java
if ("save".equals(e.getActionCommand())) {
    // 保存文件
    CompanyDao dao = new CompanyDao(fileName);
    dao.save(company);
}
if ("read".equals(e.getActionCommand())) {
    // 读取文件
    CompanyDao dao = new CompanyDao(fileName);
    company = dao.read();
    company.showAll();
    getEmployeeSalary();
    setEditable(true);
}
if ("new".equals(e.getActionCommand())) {
    // 新建学生
    EmployeeSalary s = new EmployeeSalary();
    company.insertEmployeeSalary(s);
    currentEmployeeSalary = company.getEmployeeSalaryIndex(s.getId());
    getEmployeeSalary();
    setEditable(true);
}
if ("prev".equals(e.getActionCommand())) {
    // 上一条记录
    if (currentEmployeeSalary > 0) {
        currentEmployeeSalary--;
        getEmployeeSalary();
    } else {
        lMsg.setText("已经是第一条记录。");
        hasMsg = true;
    }
}
if ("next".equals(e.getActionCommand())) {
    // 下一条记录
    if (currentEmployeeSalary < company.getMap().size() - 1) {
        currentEmployeeSalary++;
        getEmployeeSalary();
    } else {
        lMsg.setText("已经是最后一条记录。");
        hasMsg = true;
    }
}
if ("del".equals(e.getActionCommand())) {
    // 删除当前记录
    EmployeeSalary s = new EmployeeSalary();
    s.setId(sId.getText());
    company.deleteEmployeeSalary(s.getId());
    if (currentEmployeeSalary >= company.getMap().size()) {
        currentEmployeeSalary--;
    }
}
```

```
                getEmployeeSalary();
        }
    if (!hasMsg) {
            lMsg.setText("记录数:" + (currentEmployeeSalary + 1) + "/"
                    + (company.getMap().size()));
        }
    }
```

5. 运行结果

程序运行结果如图 10-17 所示。

图 10-17　职工工资管理主界面

6. 任务小结

本任务实现了工资管理的事件驱动程序。为命令按钮添加监听器,并在 EmployeeSalaryMgrSys 类中设计相关方法,如实现读取当前职工信息并显示到屏幕上的 getEmployeeSalary()方法,实现将用户修改的信息存入 company 对象的 map 属性中的 putEmployeeSalary()方法,在窗体上显示浏览记录的信息的 showMsg()方法等;编写不同按钮事件处理程序,以响应用户操作的 actionPerformed()方法。

【本章小结】

本章首先介绍了图形用户界面的概念、图形用户界面程序设计步骤,然后分别介绍了容器、布局管理和组件的定义与使用方法,最后介绍了事件处理方法。

【习题 10】

一、选择题

1. 在 Swing GUI 编程中,setDefaultCloseOperation(JFrame.EXIT_ON_CLOSE)语句的作用

是（   ）。

 （A）当执行关闭窗口操作时，不做任何操作

 （B）当执行关闭窗口操作时，调用 WindowsListener 对象并隐藏 JFrame

 （C）当执行关闭窗口操作时，退出应用程序

 （D）当执行关闭窗口操作时，调用 WindowsListener 对象并隐藏和销毁 JFrame

2. 以下关于 Swing 容器的叙述，错误的是（   ）。

 （A）容器是一种特殊的组件，它可以用来放置其他组件

 （B）容器是组成 GUI 所必需的元素

 （C）容器是一种特殊的组件，它可被放置在其他容器中

 （D）容器是一种特殊的组件，它可被放置在任何组件中

3. 组件的 setSize()方法签名正确的是（   ）。（选 2 项）

 （A）setSize(int width,int height)

 （B）setSize(int x,int y,int width,int height)

 （C）setSize(Dimension dim)

 （D）以上皆不是

4. Swing GUI 通常由（   ）元素组成。（选 3 项）

 （A）GUI 容器   （B）GUI 组件

 （C）布局管理器   （D）GUI 事件侦听器

5. 将 GUI 窗口划分为东、西、南、北、中 5 个部分的布局管理器是（   ）。

 （A）FlowLayout   （B）GridLayout

 （C）CardLayout   （D）BorderLayout

二、填空题

1. 在 Java 1.0 中，有设计 GUI 的基本类库 Abstract Window Toolkit，简称_____。

2. Java 中的容器主要分为_____和_____。

3. 布局管理器负责控制组件在容器中的布局。Java 语言提供了多种布局管理器，主要有：_____、_____、_____等。

4. 文本框有多种，Java 的图形用户界面中提供了_____、_____和_____。

5. _____支持从一个列表项中选择一个或多个选项，默认状态下支持单选。

三、简答题

1. 简述 GUI 界面设计的步骤。

2. 什么是容器组件？Java 中有哪些容器组件？

3. 什么是布局管理？Java 提供了哪几种布局？各有什么作用？

4. 简述 Java 的事件处理机制。

四、编程题

1. 编写加法程序：在两个文本框中输入两个数，单击"计算"按钮，计算两数之和并显示在第 3 个文本框中。

2. 用标签显示一道简单的测试题，答案使用单选按钮列出，用户选择答案后，会在另一个标签中显示结果或说明。

第11章　数据库编程

📖 【引例描述】

➢ 问题提出

前面章节中的职工工资管理信息存放在文本文件中，在实际项目中，Java 程序一般都要和数据库进行交互，所录入的信息都存放在数据库中，以便更高效地进行汇总查询等操作。在 Java 程序设计中，如何进行数据库编程？数据库访问有哪些步骤？涉及哪些类和接口？

➢ 解决方案

本章主要讲解 JDBC 驱动程序以及数据库编程的基本技术，介绍数据库开发中的相关类、接口及其使用方法。

通过本章学习，读者可了解 JDBC 基本概念，掌握数据库编程程序设计方法，能综合运用数据库编程知识，完成职工工资管理系统中的工资信息的增加、删除、修改、查询等数据库操作。

 【知识储备】

11.1　数据库编程概述

11.1.1　JDBC 概述

JDBC（Java DataBase Connectivity）是一种用于执行 SQL 语句的 Java API，提供了访问和操作关系数据库的方法。它由一组用 Java 语言编写的类和接口组成，为不同的数据库提供统一的编程接口，如图 11-1 所示。JDBC API 中的类和接口，分别用来实现装载数据库的驱动、连接数据库、执行 SQL 语句、获取并处理查询结果和关闭数据库的连接等。

11.1.2　MySQL 介绍

通过 JDBC 技术，Java 语言支持几乎所有的数据库管理系统，包括商业数据库管理系统 Oracle、SQL Server 等，以及开源免费的 MySQL、PostgreSQL 等。在企业应用开发中最经常使用是的 Oracle 和 MySQL，因此本书采用 MySQL，首先简单讨论 MySQL 的使用。MySQL 的优点如下。

➢ 跨平台：可以在 Windows 或 Linux 等平台下运行，这与 Java 语言的理念相吻合。

➢ 性能高：在较低配置的硬件上也能具有较高的性能。

➢ 功能适中：具有标准的关系型数据库管理系统的功能，满足 Java 应用程序或 JSP 网站开发的需要。

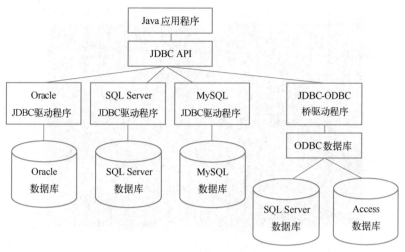

图 11-1 JDBC 原理图

➢ 稳定性好：经过大量用户的检验，技术成熟，稳定可靠。

1. 安装 MySQL 服务器

从 www.mysql.com 网站上下载 MySQL 的 "MySQL 8.0 Community Server" 版本，选择 Windows 平台的安装版本（Windows ZIP/Setup.exe (x86)），安装过程非常简单，但安装后的配置中有 3 个部分需要注意。

➢ 选择多国语言时要用 utf8。

➢ 添加 MySQL 的安装目录到 Path 路径中，应该勾选。

➢ 设置系统管理员（root）用户的密码，建议在开发阶段使用 sa 作为密码。

2. 下载 MySQL 的 JDBC 驱动程序

在 Java 中连接 MySQL 还需要 MySQL 数据库的 JDBC 驱动程序，同样是从 www.mysql.com 网站上下载，其名称是 "MySQL Connector/J"，当前版本是 8.0，文件名为 mysql-connector-java-8.0.29.jar，复制该文件到项目的 lib 目录下，并添加到项目中。

3. MySQL 控制台的使用

MySQL 提供了字符界面的 MySQL 控制台，其他的图形界面管理工具有 MySQL 提供的 MySQL Workbench，以及第三方的 phpMyAdmin、Navicat 和 MySQL-Front 等。本书采用 MySQL 控制台进行简单的管理。

在命令行中输入下述命令：

```
mysql -u root -p
```

其中，选项-u 后的参数是用户账户，root 是 MySQL 内置的系统管理员账户，选项-p 表示提示输入密码，输入密码后就能进入 MySQL 控制台。MySQL 控制台的界面如图 11-2 所示。

在 MySQL 中可以使用所有 SQL 语句，如 create database、create table、select、insert、update 和 delete 等语句。一条 SQL 语句可以分多行输入，但必须在 SQL 语句结束时（一条 SQL 的最后一行后）加上分号 ";"，表示一条 SQL 语句的结束。

在 MySQL 中还有以下几个常用的命令。

➢ use db_name：切换数据库 db_name。

图 11-2　MySQL 控制台

➢ show databases：列出所有数据库的信息。

➢ show tables：列出当前数据库的所有表的信息。

➢ show columns from tbl_name：列出表 tbl_name 的各个列的信息。

➢ show index from tbl_name：列出表 tbl_name 的索引信息（包括主键等）。

➢ quit：退出 MySQL 控制台。

4．数据的备份与恢复

数据备份使用 mysqldump 命令，直接在命令行下使用该命令。

```
C:\>mysqldump –u root –p mydb > backdb.sql
```

上述命令的含义是将名为 mydb 的数据库的内容备份到 backdb.sql 文件中，包括数据库中的表结构和数据记录。

数据恢复使用 mysql 命令，也是直接在命令行下使用该命令。

```
C:\>mysql –u root –p mydb < backdb.sql
```

上述命令的含义是将备份文件 backdb.sql 中的数据结构和数据记录恢复到名为 mydb 的数据库中，前提条件是该数据库已经存在。如果数据库不存在，则需要事先创建好。

使用这两条命令可以在不同的数据库服务器之间转移数据库，包括在 Windows 和 Linux 上的数据库服务器之间转移数据库。备份文件 backdb.sql 中的数据全部是 SQL 语句，需要时也可用文本编辑器打开该文件，根据需要修改其中的 SQL 语句。

11.2　数据库访问流程

11.2.1　访问数据库步骤

在开发一个项目时，首先需要进行需求分析，再进行数据库设计，在所选定的数据库管理系统中创建数据库和数据表。Java 应用程序通过 JDBC 访问和操作数据库，完成各项数据处理操作。Java 应用程序访问和操作数据库的步骤如下。

1）加载相关的数据库驱动程序。

2）与数据库建立连接。

3）创建执行对象。

4）向数据库发送需要执行的 SQL 语句。

5）从数据库接收处理的结果，可对接收的结果进行处理。

6）关闭数据库。

11.2.2　连接数据库

1. 加载 JDBC 驱动程序

（1）4 种 JDBC 驱动程序

11-1
连接数据库

JDBC 驱动程序按照工作方式分为 4 种：JDBC-ODBC 桥接驱动程序、本地 API 驱动程序、网络协议驱动程序和纯 Java 本地协议驱动程序。

JDBC-ODBC 桥接通过本地的 ODBC Driver 连接到数据库管理系统上。这种连接方式必须将 ODBC 二进制代码加载到使用该驱动程序的每台客户机上。因此，这种类型的驱动程序最适合用于企业网，或者利用 Java 编写的三层结构的应用程序服务器代码。

本地 API 驱动程序通过调用本地的 native 程序实现数据库连接。这种类型的驱动程序把客户机 API 上的 JDBC 调用转换为 Oracle、Sybase、Informix、DB2 或其他数据库管理系统的调用。和 JDBC-ODBC 桥接驱动程序一样，这种类型的驱动程序要求将某些二进制代码加载到每台客户机上。

JDBC 网络协议驱动程序是一种完全利用 Java 语言编写的 JDBC 驱动程序。该驱动程序先把对数据库的访问请求传给网络上的中间服务器，中间服务器再把请求翻译成符合数据库规范的调用。虽然中间服务器会影响整体系统的性能，但可以根据不同数据库的要求做调整，能够实现同一个 Java 程序对多种数据库的转换。

纯 Java 本地协议驱动程序，能直接把 JDBC 调用转换为符合相关数据库系统规范的请求。这种规范不需要先把 JDBC 的调用传给 ODBC 或本地数据库接口或者中间层服务器，所以执行效率非常高。同时，它不需要在客户端或服务器端装载任何软件或驱动程序，但对于不同数据库需要下载不同的驱动程序。本书目前及后续内容中，用到的都是本地协议驱动程序。

不管使用哪种 JDBC 驱动程序，数据库的连接方式都是相同的，即加载选定的 JDBC 驱动程序，利用该驱动程序创建一个与数据库的连接，然后通过相关类和接口访问、操作数据库。常用数据库驱动程序如表 11-1 所示。

表 11-1　常用数据库驱动程序

数 据 库 名	驱动程序名	jar 包
ODBC 数据源	sun.jdbc.odbc.JdbcOdbcDriver	不需要 jar 包，直接配置数据源
SQL Server	com.microsoft.sqlserver.jdbc.SQLServerDriver	sqljdbc4.jar
MySQL	com.mysqlcj.jdbc.Driver	mysql-connector-java-8.0.29.jar
Oracle	oracle.jdbc.driver.OracleDriver	nls_charset12.jar，classes12.jar
DB2	com.ibm.db2.jdbc.net.DB2Driver	db2jcc.jar，db2jcc_license_cu.jar
Sybase	com.sybase.jdbc2.jdbc.SybDriver	jconn2.jar
Informix	com.informix.jdbc.IfxDriver	ifxjdbc.jar

（2）添加 JDBC 类库

1）数据准备。

创建数据库 demo，并创建数据表 user，相关 MySQL 语句如下。

```
create database demo;
use demo;
create table user (
    usrID int primary key auto_increment,
    username varchar(20),
    password varchar(20)
);
```

2）添加 JDBC 类库。

首先，将 mysql-connector-java-8.0.29.jar 包复制到工程中。具体步骤如下：右击"工程"，在弹出的快捷菜单中选择【New】→【Folder】命令，新建 lib 文件夹，如图 11-3 所示，然后将这个 jar 包复制到文件夹中。

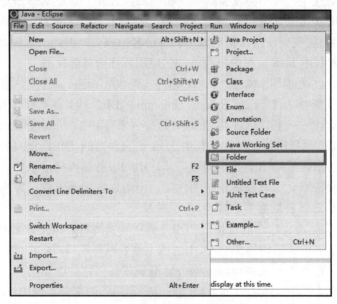

图 11-3　新建文件夹

接着构建路径。右击"工程"，在弹出的快捷菜单中选择【Build Path】→【Configure Build Path】命令，构建路径，如图 11-4 所示。在打开的【Java Build Path】对话框中选中【Libraries】选项，单击【Add JARs】按钮，选中 lib 文件夹下的 jar 包，单击【OK】按钮即可。

（3）加载驱动程序

加载驱动程序的一般格式为：

```
Class.forName("驱动程序名");
```

2. 创建数据库连接

JDBC 加载指定驱动程序后，就可以利用 DriveManager 类的 getConnection()静态方法建立与数据库的连接。该方法会返回一个连接（Connection）对象。DriveManager 类的 getConnection()方法如下。

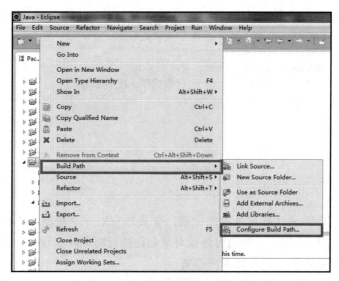

图 11-4　构建路径

```
getConnection(String url, String user, String password);
                              //连接指定数据库，并指出连接数据库的用户名和密码
getConnection(String url);              //连接指定数据库
getConnection(String url, java.util.Properties info);
                              //连接指定数据库和一组作为连接变元的属性
```

其中，url 是数据库连接名，是数据库的唯一标识，它描述了数据库的驱动器类型、服务器地址、数据库名等信息；user 和 password 是数据库的用户名和密码。不同数据库的 url 如表 11-2 所示。

表 11-2　常用数据库的 url 描述

数据库系统	URL 连接字符串
ODBC 数据源	jdbc:odbc:TestDB
SQL Server	jdbc:microsoft:sqlserver://127.0.0.1:1433;DatabaseName=TestDB
MySQL	jdbc:mysql://127.0.0.1:3306/TestDB
Oracle	jdbc:oracle:thin:@127.0.0.1:1521:TestDB
DB2	jdbc:db2://127.0.0.1:50000/TestDB
Sybase	jdbc:sybase:Tds:127.0.0.1:2638/TestDB
Informix	Jdbc:Informix-sqli://127.0.0.1:1533/ TestDB

【例 11.1】　首先加载数据库驱动程序（如图 11-3 和图 11-4 所示），接着编写程序进行数据库连接。

```java
import java.sql.Connection;
import java.sql.DriverManager;
import java.sql.SQLException;
public class DBCon {
    public static void main(String[] args) {
        try {
            Class.forName("com.mysql.cj.jdbc.Driver");
            Connection con = DriverManager.getConnection(
                    "jdbc:mysql://127.0.0.1:3306/demo", "root", "sa");
```

```
    } catch (ClassNotFoundException e) {
        System.out.println("驱动找不到！");
        e.printStackTrace();
    } catch (SQLException e) {
        System.out.println("数据库连接不成功！");
        e.printStackTrace();
    }
  }
}
```

11.2.3 执行 SQL 语句

正确加载驱动程序并成功连接数据库之后，会成功获取一个数据库连接对象，但数据库连接对象并不能执行 SQL 语句，需要通过连接对象创建执行对象，实现对数据库的插入、修改、删除和查询操作。常见的执行对象有 3 种类型。

➢ Statement 对象：用于执行静态的、不带参数的 SQL 语句。

➢ PreparedStatement 对象：用于执行动态的、预编译的 SQL 语句。

➢ CallableStatement 对象：用于执行数据库的存储过程。

11-2
Statement

1. Statement

Statement 对象提供了执行基本 SQL 语句的功能，一般通过 Connection 对象提供的 createStatement()方法获取，例如：

```
Statement stmt = con.createStatement();
```

Statement 提供了很多方法，常见的方法如表 11-3 所示。

表 11-3　Statement 的常用方法

方 法 名 称	功 能 描 述
execute(String sql)	执行给定的 SQL 语句，该语句可能返回多个结果
executeQuery(String sql)	执行给定的 SQL 语句，该语句返回单个 ResultSet 对象
executeUpdate(String sql)	执行给定的 SQL 语句，该语句可能为 INSERT、UPDATE 或 DELETE 语句，或者不返回任何内容的 SQL 语句（如 SQL DDL 语句）
isClosed()	获取是否已关闭了此 Statement 对象
close()	立即释放此 Statement 对象的数据库和 JDBC 资源，而不是等待该对象自动关闭时释放

Statement 的使用方法如下。

➢ 执行查询操作：

```
Statement stmt = con.createStatement();        // 创建执行对象
String sql = "select * from user";             //  SQL 语句
ResultSet rs = stmt.executeQuery(sql);         // 执行 SQL 语句，返回结果集
```

➢ 执行增加、修改、删除操作：

```
Statement stmt = con.createStatement();        // 创建执行对象
String sql = "insert into user(username,password) values('admin','admin')";
```

```
                                             //  SQL 语句
int num = stmt.executeUpdate(sql);  // 执行 SQL 语句，返回表示更新记录条数的整数值
```

2．PreparedStatement

PreparedStatement 继承了 Statement，用来执行预编译的 SQL 语句。此时，SQL 语句可以具有一个或多个参数，每个参数用 "?" 作为占位符代替，其值必须在 SQL 语句执行前用 setter 方法来设定它所代表的值。PreparedStatement 的常用方法如表 11-4 所示。

11-3
PreparedSta-
tement

表 11-4　**PreparedStatement** 的常用方法

方 法 名 称	功 能 描 述
executeQuery(String sql)	执行给定的 SQL 语句，该语句返回单个 ResultSet 对象
executeUpdate(String sql)	执行给定的 SQL 语句，该语句可能为 INSERT、UPDATE 或 DELETE 语句，或者不返回任何内容的 SQL 语句
setInt(int index, int x)	为指定参数设置 int 值，对应 SQL 类型为 INTEGER
setLong(int index, long x)	为指定参数设置 long 值，对应 SQL 类型为 BIGINT
setFloat(int index, float x)	为指定参数设置 float 值，对应 SQL 类型为 FLOAT
setDouble(int index, double x)	为指定参数设置 double 值，对应 SQL 类型为 DOUBLE
setString(int index, String x)	为指定参数设置 String 值，对应 SQL 类型为 VARCHAR 或 LONGVARCHAR
setBoolean(int index, boolean x)	为指定参数设置 boolean 值，对应 SQL 类型为 BIT
setDate(int index, Date x)	为指定参数设置 java.sql.Date 值，对应 SQL 类型为 DATE
setObject(int index, Object x)	用来设置各种类型的参数，JDBC 规范定义了从 Object 类型到 SQL 类型的标准映射关系，在向数据库发送时被转换为相应的 SQL 类型
setNull(int index, int sqlType)	将指定参数设置为 SQL 中的 NULL。该方法的第 2 个参数用来设置参数 SQL 类型，具体值从 java.sql.Types 类中定义的静态常量中选择
clearParameters()	清除当前所有参数值

PreparedStatement 的使用方法如下。

➢ 执行查询操作：

```
String sql = "select * from user where username like ?";   //  SQL 语句
PreparedStatement pstmt = con.prepareStatement(sql);       // 创建执行对象
pstmt.setString(1, "a%");                                  // 给第 1 个字段用户名赋值
ResultSet rs = pstmt.executeQuery();                       // 执行查询操作
```

➢ 执行增加、修改、删除操作：

```
String sql = "insert into user (username,password) values(?,?)";
                                                    //  SQL 语句
PreparedStatement pstmt = con.prepareStatement(sql);       // 创建执行对象
pstmt.setString(1, "admin");                        // 给第 1 个字段（用户名）赋值
pstmt.setString(2, "sa");                           // 给第 2 个字段（密码）赋值
pstmt.executeUpdate();                              // 执行增加、删除、修改操作
```

3．CallableStatement

CallableStatement 为所有的数据库管理系统提供了一种以标准形式调用存储过程的方法。这种调用有两种形式：带结果参数和不带结果参数。结果参数是一种输出（OUT）参数，是存储过程的返回值。两种形式都可以带有数量可变的输入（IN）、输出（OUT）或输入和输出（INOUT）的参数，"？" 作为参数占位符。

带结果参数的语法为：

```
{?=call 过程名[(?,?,…)]}
```

不带结果参数的语法为：

```
{call 过程名}
```

11.2.4　获得查询结果

ResultSet 称为结果集，是执行对象执行查询语句后用来存储查询结果的对象。查询结果有查询返回的列标题及对应的数据值。可以使用 ResultSet 类的方法来访问其中的数据。ResultSet 类的常用方法如表 11-5 所示。

表 11-5　ResultSet 类的常用方法

方 法 名 称	功 能 描 述
beforeFirst()	将光标移动到此 ResultSet 对象的开头，即位于第一行之前
afterLast()	将光标移动到此 ResultSet 对象的末尾，即位于最后一行之后
first()	将光标移动到此 ResultSet 对象的第一行
last()	将光标移动到此 ResultSet 对象的最后一行
previous()	将光标移动到此 ResultSet 对象的上一行
next()	将光标从当前位置向前移一行
isBeforeFirst()	获取光标是否位于此 ResultSet 对象的第一行之前
isAfterLast()	获取光标是否位于此 ResultSet 对象的最后一行之后
isFirst()	获取光标是否位于此 ResultSet 对象的第一行
isLast()	获取光标是否位于此 ResultSet 对象的最后一行
absolute(int row)	将光标移动到此 ResultSet 对象的指定行编号
getBoolean(int columnIndex)	返回 ResultSet 对象的当前行中指定列号（布尔型）的值
getBoolean(String columnLabel)	返回 ResultSet 对象的当前行中指定列名（布尔型）的值
getByte(int columnIndex)	返回 ResultSet 对象的当前行中指定列号（字节型）的值
getByte(String columnLabel)	返回 ResultSet 对象的当前行中指定列名（字节型）的值
getDate(int columnIndex)	返回 ResultSet 对象的当前行中指定列号（日期型）的值
getDate(String columnLabel)	返回 ResultSet 对象的当前行中指定列名（日期型）的值
getDouble(int columnIndex)	返回 ResultSet 对象的当前行中指定列号（双精度型）的值
getDouble(String columnLabel)	返回 ResultSet 对象的当前行中指定列名（双精度型）的值
getFloat(int columnIndex)	返回 ResultSet 对象的当前行中指定列号（单精度型）的值
getFloat(String columnLabel)	返回 ResultSet 对象的当前行中指定列名（单精度型）的值
getInt(int columnIndex)	返回 ResultSet 对象的当前行中指定列号（整型）的值
getInt(String columnLabel)	返回 ResultSet 对象的当前行中指定列名（整型）的值
getLong(int columnIndex)	返回 ResultSet 对象的当前行中指定列号（长整型）的值
getLong(String columnLabel)	返回 ResultSet 对象的当前行中指定列名（长整型）的值
getString(int columnIndex)	返回 ResultSet 对象的当前行中指定列号（字符串类型）的值
getString(String columnLabel)	返回 ResultSet 对象的当前行中指定列名（字符串类型）的值
close()	立即释放 ResultSet 对象占用的数据库和 JDBC 资源，当关闭所属的 Statement 对象时也会执行此操作

ResultSet 的使用方法如下。

➤ 通过列号取值：

```
ResultSet rs = pstmt.executeQuery();                // 执行查询操作
while (rs.next()) {
    System.out.println(rs.getInt(1) + "," + rs.getString(2) + "," + rs.getString(3));
}
```

➤ 通过列名取值：

```
while (rs.next()) {
    System.out.println(rs.getInt("usrID") + ","
        + rs.getString("username") + ","
        + rs.getString("password"));
}
```

11.2.5　关闭连接

在建立 Connection 对象、Statement 对象和 ResultSet 对象时，均须占用一定的数据库和 JDBC 资源，所以，每次访问数据库结束后，应该及时销毁这些对象，释放它们所占用的资源，方法是通过相应的 close()方法释放资源。执行 close()方法建议按照如下的顺序。

```
resultset.close();
statement.close();
connection.close();
```

11-5
例 11.2 讲解

【例 11.2】 实现数据库访问完整流程的例子。

```
import java.sql.Connection;
import java.sql.DriverManager;
import java.sql.ResultSet;
import java.sql.SQLException;
import java.sql.Statement;
public class JdbcDemo {
    public static void main(String[] args) {
        String jdbcDriver = "com.mysql.cj.jdbc.Driver";
        String jdbcURL = "jdbc:mysql://127.0.0.1:3306/demo";
        String jdbcUser = "root";
        String jdbcPassword = "sa";

        String sql = "";
        Connection con = null;
        try {
            Class.forName(jdbcDriver);
            System.out.println("JDBC 驱动程序加载成功");
            con = DriverManager.getConnection(jdbcURL, jdbcUser, jdbcPassword);
            System.out.println("数据库连接成功");
            Statement stmt = con.createStatement();
            sql = "insert into user(username,password) values ('xm','123')";
            stmt.executeUpdate(sql);
            sql = "insert into user(username,password) values ('syz','123')";
            stmt.executeUpdate(sql);
            System.out.println("数据插入成功");
```

```
        sql = "select * from user";
        stmt.executeQuery(sql);
        ResultSet rs = stmt.executeQuery(sql);
        System.out.println("数据列表如下：");
        System.out.println("编号\t用户名\t密码");
        while (rs.next()) {
            System.out.println(rs.getInt(1) + "\t" + rs.getString(2) + "\t"
                    + rs.getString(3));
        }
        System.out.println("数据表查询成功");
    } catch (ClassNotFoundException e) {
        System.out.println("驱动找不到！");
        e.printStackTrace();
    } catch (SQLException e) {
        System.out.println("数据库连接不成功！");
        e.printStackTrace();
    } finally {
        if (con != null) {
            try {
                con.close();
            } catch (SQLException e) {
                System.out.println("数据库关闭异常");
                e.printStackTrace();
            }
        }
    }
}
```

程序运行结果如图 11-5 所示。

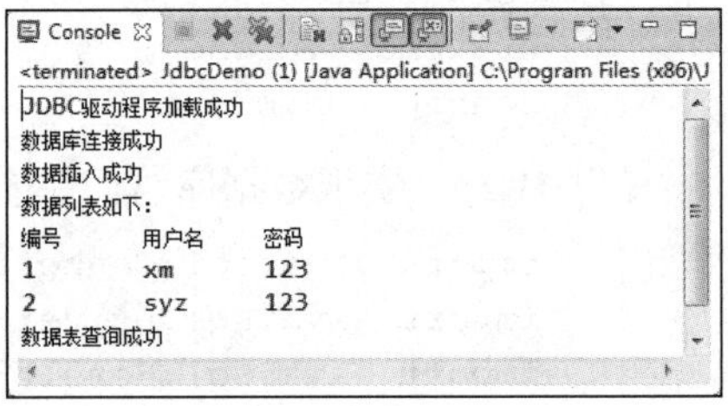

图 11-5　数据库访问实例运行结果

 【任务实现】

工作任务 17　职工工资管理实现（数据库编程）

1. 任务描述

本任务设计职工工资管理的数据库编程，实现输入个人信息、工资信息（基本工资、月津贴、奖金）后，将上述信息存储在 employeesalary 数据表中，后期可读取数据库中的工资信息并显示在可视化窗体中。

11-6
工作任务 17

2. 相关知识

本任务的实现，需要掌握数据库编程的基础知识，掌握数据库访问流程和连接数据库、执行 SQL 语句、显示查询结果和关闭数据库连接的程序设计方法，并综合运用各组件、容器、布局管理器类和事件处理解决实际问题。

3．任务设计

1）数据库设计，创建 employee 数据库，并创建 employeesalary 表，用于存储职工工资信息。

2）如图 11-3 和图 11-4 所示，加载数据库驱动程序。

3）导入 task14.model 包，包含类：Employee.java、EmployeeSalary.java、Company.java 和 ValidatorException.java，与工作任务 16 相同，无需做任何修改。

4）设计 task17.dao 包中的各个类，用于实现数据库编程。

➢ ConnectionFactory.java：负责实现数据库连接和数据库关闭。

➢ BaseDAO.java：设计执行 SQL 语句的通用类。

➢ EmployeeSalaryDAO.java：对 employeesalary 表的数据访问对象，包括对该表的增加、删除、修改、查询操作。

➢ CompanyDAODB.java：读取、保存所有职工信息和删除相应职工信息。

5）将 task16 包中的 EmployeeSalaryMgrSys 类复制到 task17.view 包中，将文件读取操作的代码改为数据库编程操作的代码。

4．项目实施

（1）数据库设计

使用 MySQL 为职工工资管理系统设计数据库和数据表，SQL 语句如下。

```
create database employee;
use employee;
create table employeesalary (
    id varchar(50) primary key,
    name varchar(20),
    department varchar(20),
    sex char(1),
    phone varchar(20),
    cardID char(18),
    email varchar(20),
    basicwages float,
    allowance float,
    bonus float
);
set names gb2312;
```

（2）设计 task17.dao 包中的数据访问各个类

ConnectionFactory 类负责实现数据库连接和数据库关闭，代码如下。

```
package task17.dao;
import java.sql.Connection;
import java.sql.DriverManager;
import java.sql.SQLException;
public class ConnectionFactory {
    // 下述 4 个静态变量用于保存连接参数
    public static String jdbcDriver = "com.mysql.cj.jdbc.Driver";
    public static String jdbcURL = "jdbc:mysql://127.0.0.1:3306/employee";
    public static String jdbcUser = "root";
    public static String jdbcPassword = "sa";
    // 用于保存连接对象，连接对象被保存在 threadLocal 对象中
```

```java
        private static final ThreadLocal<Connection> threadLocal = new ThreadLocal
<Connection>();
        // 用类中的数据库连接参数，生成数据库连接对象
        public static Connection getConnection() throws SQLException,
                ClassNotFoundException {
            Connection connection = threadLocal.get(); // 从 threadLocal 对象取得连接
            if (connection == null) {    // 如果没有得到（原来不存在），则新建一个
                Class.forName(jdbcDriver);
                connection = DriverManager.getConnection(jdbcURL, jdbcUser,
jdbcPassword);
                if (connection.isClosed()) {
                    closeConnection();
                }
                threadLocal.set(connection); // 并将新建保存到 threadLocal 对象
            }
            return connection;   // 返回连接对象（可以是已有的，也可以是新建的）
        }
        // 关闭数据库连接对象
        public static void closeConnection() {
            try {
                Connection connection = threadLocal.get();
                            // 从 threadLocal 对象取得连接
                threadLocal.set(null);
                if (connection != null) {
                    connection.close();                // 关闭连接
                }
            } catch (Exception e) {
                System.out.println("关闭数据库连接出现异常："+e.getMessage());
                e.printStackTrace();
            }
        }
    }
```

BaseDAO 类用于执行 SQL 语句的通用类，代码如下：

```java
    package task17.dao;
    import java.sql.ResultSet;
    import java.sql.ResultSetMetaData;
    import java.sql.Statement;
    import java.util.HashMap;
    import java.util.LinkedList;
    import java.util.List;
    import java.util.Map;
    public class BaseDAO {
        // 执行无返回值的 SQL 语句
        public void execute(String sql) {
            System.out.println(sql);                  // 输出调试信息
            try {
                Statement stmt = ConnectionFactory.getConnection().createStatement();
                stmt.execute(sql);                    // 执行 SQL 语句
            } catch (Exception e) {
                System.out.println(sql + e.getMessage());
            } finally {
```

```
                ConnectionFactory.closeConnection();
            }
        }
        // 执行有返回值的 SQL 语句（select 语句）
        public List<Map<String, String>> executeQuery(String sql) {
            System.out.println(sql);              // 输出调试信息
          List<Map<String, String>> list = new LinkedList<Map<String, String>>();
            try {
                Statement stmt = ConnectionFactory.getConnection()
                        .createStatement();
                ResultSet rset = stmt.executeQuery(sql);
                                            // 执行 SQL 语句并取得返回的结果集
                ResultSetMetaData metadata = rset.getMetaData();
                                            // 取得表的定义信息（列信息）
                while (rset.next()) {
                            // 将每一行记录转换为一个 Map
                    Map<String, String> map = new HashMap<String, String>();
                    for (int i = 1; i <= metadata.getColumnCount(); i++) {
                            // 将每一列转换为一个 "字段名-值" 的 "键-值" 对
                            // 字段名全部转换为大写，值全部转换为字符串
                        map.put(metadata.getColumnName(i).toUpperCase(), rset
.getString(i));
                    }
                    list.add(map);            // 将 map 添加到 list 中
                }
            } catch (Exception e) {
                System.out.println(e.getMessage());
            } finally {
                ConnectionFactory.closeConnection();
            }
            return list;                      // 返回一个 list
        }
    }
```

EmployeeSalaryDAO 类实现对 employeesalary 表的数据访问，包括对该表的增加、删除、修改、查询操作，代码如下。

```
        package task17.dao;
        import java.util.LinkedList;
        import java.util.List;
        import java.util.Map;
        import task14.model.EmployeeSalary;
        import task14.model.ValidatorException;
        public class EmployeeSalaryDAO {
            // 保存 EmployeeSalary 对象，如果该对象在数据库中不存在，则新建（insert 语句）
            // 如果该对象在数据库中已存在，则更新（update 语句）
            public void save(EmployeeSalary empsal) throws ValidatorException {
                String sql;
                if (findById(empsal.getId()) == null) {      // 查找该对象
                    // 如果不存在
                    sql = "insert into employeesalary (id, name, department, sex,
phone, cardID, email, basicwages, allowance, bonus) values('"
```

```
                                    + empsal.getId() + "','"
                                    + empsal.getName() + "','"
                                    + empsal.getDepartment() + "','"
                                    + empsal.getSex() + "','"
                                    + empsal.getPhone() + "','"
                                    + empsal.getCardID() + "','"
                                    + empsal.getEmail() + "',"
                                    + empsal.getBasicwages() + ","
                                    + empsal.getAllowance() + ","
                                    + empsal.getBonus() + ")";
                } else {
                    // 如果存在
                    sql = "update employeesalary  set "
                        + " name='" + empsal.getName()
                        + "', department='" + empsal.getDepartment()
                        + "', sex='" + empsal.getSex()
                        + "', phone='" + empsal.getPhone()
                        + "', cardID='" + empsal.getCardID()
                        + "', email='" + empsal.getEmail()
                        + "', basicwages=" + empsal.getBasicwages()
                        + ", allowance=" + empsal.getAllowance()
                        + ", bonus=" + empsal.getBonus()
                        + " where id='" + empsal.getId() + "'";
                }
                BaseDAO baseDAO = new BaseDAO();
                // 执行 SQL 语句
                baseDAO.execute(sql);
        }
        // 删除 student 表示的一行记录
        public void delete(EmployeeSalary empsal) {
            String sql = "delete from employeesalary where id='" + empsal.getId() + "'";
            BaseDAO baseDAO = new BaseDAO();
            baseDAO.execute(sql);
        }
        // 通过 empID 的值查找记录，最多只有一条记录
        public EmployeeSalary findById(String empID) throws ValidatorException {
            String sql = "select * from employeesalary where id='" + empID +"'";
            BaseDAO baseDAO = new BaseDAO();
            List<Map<String,String>> list = baseDAO.executeQuery(sql);
                            // 返回一个 list

            if(list!=null && !list.isEmpty()){
                Map<String,String> map = list.get(0);
                            // 最多只有一个元素，转换为 EmployeeSalary 对象
                return map2EmployeeSalary(map);
            }
            return null;
        }
        // 通过条件子句查找记录，可有多条记录
        public List<EmployeeSalary> findByWhereClause(String whereClause) throws
Validator Exception {
```

```java
            String sql = "select * from employeesalary " + whereClause;
            BaseDAO baseDAO = new BaseDAO();

            List<Map<String,String>> list = baseDAO.executeQuery(sql);
                                // 返回一个 list

            List<EmployeeSalary> emps = new LinkedList<EmployeeSalary>();
            for(Map<String,String> map:list){
                                    // 有多个元素，转换为 EmployeeSalary 对象的 list
                EmployeeSalary emp = map2EmployeeSalary(map);
                emps.add(emp);
            }
            return emps;
        }
        // 查找所有记录，可有多条记录
        public List<EmployeeSalary> findAll() throws ValidatorException {
            return findByWhereClause("");
        }
        // 将 Map 表示的 student 表的一行记录转换为 Student 对象
        // 该 Map 是由 BaseDAO.executeQuery 返回的 list 中的元素
        private EmployeeSalary map2EmployeeSalary(Map<String,String> map) throws
Validator Exception{
            EmployeeSalary empsal = new EmployeeSalary();
            empsal.setId(map.get("ID"));                        // 注意数据类型
            empsal.setName(map.get("NAME"));                    // 注意列名改为大写
            empsal.setDepartment(map.get("DEPARTMENT"));
            empsal.setSex(map.get("SEX").charAt(0));
            empsal.setPhone(map.get("PHONE"));
            empsal.setCardID(map.get("CARDID"));
            empsal.setEmail(map.get("EMAIL"));
            empsal.setBasicwages(Float.parseFloat(map.get("BASICWAGES")));
            empsal.setAllowance(Float.parseFloat(map.get("ALLOWANCE")));
            empsal.setBonus(Float.parseFloat(map.get("BONUS")));
            return empsal;                                      // 返回 EmployeeSalary 对象
        }
    }
```

CompanyDAODB 类用于读取和保存所有职工信息，代码如下。

```java
    package task17.dao;
    import java.util.HashMap;
    import java.util.Iterator;
    import java.util.List;
    import java.util.Map;
    import task14.model.Company;
    import task14.model.EmployeeSalary;
    import task14.model.ValidatorException;
    public class CompanyDAODB {
        private String fileName;
        public CompanyDAODB(String fileName){
            this.fileName = fileName;
        }
```

```java
public void save(Company company) throws ValidatorException{
    EmployeeSalaryDAO dao = new EmployeeSalaryDAO();
    Map<String, EmployeeSalary> map = company.getMap();
    Iterator it = map.keySet().iterator();
    while (it.hasNext()) {
        String key = (String)it.next();
        EmployeeSalary val = (EmployeeSalary)map.get(key);
        dao.save(val);
    }
}
public Company read() throws ValidatorException{
    Company company = new Company();
    EmployeeSalaryDAO dao = new EmployeeSalaryDAO();
    List<EmployeeSalary> list = dao.findAll();
    Map<String, EmployeeSalary> map = new HashMap<String, EmployeeSalary>();
    for(EmployeeSalary s:list){
        map.put(s.getId(), s);
    }
    company.setMap(map);
    return company;
}
public void delete(EmployeeSalary es){
    EmployeeSalaryDAO dao = new EmployeeSalaryDAO();
    dao.delete(es);
}
```

（3）修改 task17.view 包中 EmployeeSalaryMgrSys 类

修改的部分为执行"修改"和"保存"的事件驱动程序，将原先的文件操作改为数据库操作，代码如下。

```java
if ("save".equals(e.getActionCommand())) {
    // 保存文件
    CompanyDAODB dao = new CompanyDAODB(fileName);
    try {
        dao.save(company);
    } catch (ValidatorException e1) {
        e1.printStackTrace();
    }
}

if ("read".equals(e.getActionCommand())) {
    // 读取文件
    CompanyDAODB dao = new CompanyDAODB(fileName);
    try {
        company = dao.read();
    } catch (ValidatorException e1) {
        e1.printStackTrace();
    }
    company.showAll();
    getEmployeeSalary();
```

```
        setEditable(true);
    }
    if ("del".equals(e.getActionCommand())) {
        // 删除当前记录
        EmployeeSalary s = new EmployeeSalary();
        s.setId(sId.getText());
        CompanyDAODB dao = new CompanyDAODB(fileName);
        dao.delete(s);
        company.deleteEmployeeSalary(s.getId());
        if (currentEmployeeSalary >= company.getMap().size()) {
            currentEmployeeSalary--;
        }
        getEmployeeSalary();
    }

    if ("new".equals(e.getActionCommand())) {
        // 新建学生
        EmployeeSalary s = new EmployeeSalary();
        company.insertEmployeeSalary(s);

        String id = s.getId();
        Map map = company.getMap();
        Iterator it = map.keySet().iterator();
        currentEmployeeSalary = 0;
        while (it.hasNext()){
            if (!it.next().equals(id))
                currentEmployeeSalary++;
            else
                break;
        }
        getEmployeeSalary();
        setEditable(true);
    }
```

5．运行结果

运行结果和工作任务 16 一样，如图 10-17 所示。不同之处在于，将保存在文本文件中的数据保存到数据库中。

6．任务小结

本任务实现了工资管理的数据库编程。通过设计 ConnectionFactory 类，在类中定义 Connection 对象连接数据库，设计 BaseDAO 类，在类中编写访问数据库的通用方法，设计 EmployeeSalaryDAO 类实现数据的增加、删除、修改、查询操作，综合运用数据库编程技术和图形化界面编程技术，实现职工工资管理。

【本章小结】

本章首先介绍 JDBC 的概念，接着介绍 MySQL 的安装和使用，最后介绍数据库访问流程，以及连接数据库、执行 SQL 命令、获得并显示查询结果和关闭数据连接的方法，读者可掌握采用面向对象思想进行数据库编程。

【习题 11】

一、选择题

1. DriverManager 类的 getConnection()方法的作用是（　　）。
   （A）取得数据库连接　　　　　（B）取得数据表
   （C）取得字段　　　　　　　　（D）取得记录
2. Class 的 forName()方法的作用是（　　）。
   （A）注册类名　　　　　　　　（B）注册数据库驱动程序
   （C）创建类名　　　　　　　　（D）创建数据库驱动程序
3. Connection 类的 createStatement()方法的作用是（　　）。
   （A）创建数据库　　　　　　　（B）创建数据表
   （C）创建记录集　　　　　　　（D）创建 SQL 命令执行接口
4. ResultSet 的 next()方法的作用是（　　）。
   （A）取得下一条记录　　　　　（B）取得下两条记录
   （C）取得上一条记录　　　　　（D）取得上两条记录
5. 下述选项中不属于 JDBC 基本功能的是（　　）。
   （A）与数据库建立连接　　　　（B）提交 SQL 语句
   （C）处理查询结果　　　　　　（D）数据库维护管理

二、填空题

1. _____是一种用于执行 SQL 语句的 Java API，提供了访问和操作关系数据库的方法。
2. JDBC 驱动程序按照工作方式分为 4 种：_____、_____、_____和_____。
3. JDBC 加载指定驱动程序后，就可以利用 DriveManager 类的静态方法_____建立与数据库的连接。
4. 通过连接对象创建执行对象，实现对数据库的插入、修改、删除和查询操作。常见的执行对象有 3 种类型：_____、_____和_____。

三、简答题

1. 简述 JDBC 的基本概念。
2. 如何备份和恢复 MySQL 数据库？
3. 简述 JDBC 访问数据库的一般流程。

四、编程题

设计图书表，包含图书编号、图书名称、作者、出版社、出版年份、价格字段，编写数据库访问程序，实现书籍信息的增加、删除、修改、查询和显示。

第12章 多 线 程

 【引例描述】

> 问题提出

前面章节完成了职工工资管理系统，在实际项目中，还需要在主界面上显示系统时间，并要求时间能动态显示。如何实现该时钟显示器？

> 解决方案

本章主要讲解 Java 多线程技术，介绍多线程的概念以及多线程的两种实现方法。

通过本章学习，读者可了解多线程的基本概念，掌握多线程程序设计方法，能综合运用多线程技术，完成职工工资管理系统中的时钟显示器。

【知识储备】

12.1 线程概述

支持多线程技术是 Java 语言的特性之一，多线程使程序可以同时存在多个执行片段，根据不同的条件和环境同步或异步工作。线程和进程的实现原理类似，但服务对象不同，进程代表操作系统平台中运行的一个程序，而一个程序包含多个线程。

12-1
线程概述

12.1.1 进程

进程是一个包含自身执行地址的程序，现在的计算机基本上都支持多进程操作。例如，使用计算机时，可以一边上网，一边听音乐。CPU 在指定时间片内执行某个进程，在下一个时间片内执行另一个进程，利用不同的时间片交替执行各个进程，由于转换速度快，使人感觉进程在同时运行。

12.1.2 线程

在一个进程内部也可以执行多任务，可以将进程内部的任务称为线程，线程是进程中的实体，一个进程可拥有多个线程。

一个线程指进程内的一个单一的顺序控制流程。通常所说的多线程指一个进程可以同时运行几个任务，每个任务由一个线程来完成。也就是说，多个线程可以同时运行，并且在一个进程内执行不同的任务。

线程必须拥有父进程，系统没有为线程分配资源，它与进程中的其他线程共享该进程的共享资源。如果一个进程中的多个线程共享相同的内存地址空间，这些线程就可以访问相同的变量和对象，实现线程间的信息共享。

12.2 多线程的实现方法

多线程的实质是让出使用 CPU 的机会，这需要用到 Thread 类或 Runnable 接口，因此，有两种方法用来实现多线程。

12.2.1 继承 Thread 类

通过继承 Thread 类实现多线程的步骤如下。

1）将需要实现多线程的类声明为继承 Thread 类，覆盖其 run()方法，并将线程体放在该方法中。

```java
public class MyThread extends Thread {
    public void run(){
        // 线程体
    }
}
```

2）创建一个该类的实例。

```java
MyThread t = new MyThread();
```

3）启动该实例。

```java
t.start();
```

【例 12.1】 应用继承 Thread 类创建线程示例。

```java
public class MyThread extends Thread {
    String threadName;
    public MyThread(String threadName) {
        this.threadName = threadName;
    }
    public void run(){
        for (int i=0;i<3;i++){
            System.out.println(threadName+"第"+(i+1)+"次调用");
            try {
                Thread.sleep(1000);
            } catch (InterruptedException e) {
                e.printStackTrace();
            }
        }
    }
}
public class TestThread{
    public static void main(String[] args) {
        MyThread t1 = new MyThread("thread1");          // 实例化 MyThread 对象
        MyThread t2 = new MyThread("thread2");
        MyThread t3 = new MyThread("thread3");
        t1.start();                      // 调用 MyThread 对象的 start 方法启动一个线程
        t2.start();
```

```
        t3.start();
    }
}
```

程序运行结果如图 12-1 所示。

如图 12-1 所示，创建了 3 个线程，每个线程被调用后立即让出 CPU，让别的线程运行，这就是多线程。

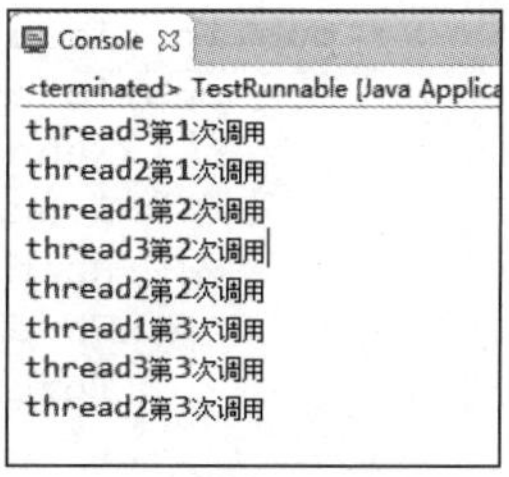

图 12-1　继承 Thread 类创建线程运行结果

12.2.2　实现 Runnable 接口

由于 Java 语言没有多继承机制，因此，如果 MyThread 类需要继承其他的类，就无法用这种方法实现多线程。因此，Java 语言提供了另一种实现方法，即通过实现 Runnable 接口来实现多线程。实现的步骤如下。

1）将需要实现多线程的类声明为实现 Runnable 接口的类，实现 run()方法，并将线程体放在该方法中。

```
public class MyRunnable implements Runnable {
    public void run() {
        // 线程体
    }
}
```

12-3
实现 Runnable 接口

2）创建一个该类的实例。

```
Runnable r = new MyRunnable();
```

3）从该实例创建一个 Thread 实例。

```
Thread t = new Thread(r);
```

4）启动该 Thread 的实例。

```
t.start();
```

也可将上述两行合并：

```
new Thread(r).start();
```

【例 12.2】　应用实现 Runnable 接口创建线程示例。

```
public class MyRunnable implements Runnable {
String threadName;
    public MyRunnable(String threadName) {
        this.threadName = threadName;
    }
    public void run(){
        for (int i=0;i<3;i++){
            System.out.println(threadName+"第"+(i+1)+"次调用");
            try {
                Thread.sleep(1000);          // 休眠随机的时间（1000ms 之内）
            } catch (InterruptedException e) {
                e.printStackTrace();
            }
        }
    }
}
```

```
public class TestRunnable {
    public static void main(String[] args) {
        Runnable r1 = new MyRunnable("thread1");
        Runnable r2 = new MyRunnable("thread2");
        Runnable r3 = new MyRunnable("thread3");
        Thread t1 = new Thread(r1);
        Thread t2 = new Thread(r2);
        t1.start();
        t2.start();
        new Thread(r3).start();                      // 简洁写法
    }
}
```

本例通过实现 Runnable 接口实现多线程，运行结果和【例 12.1】相同。

12.2.3 两种实现方法的比较

前述两种实现方法在本质上是相同的，因为 Thread 类是 Runnable 接口的一个实现，通过继承 Thread 类实现多线程，实质上是间接地实现了 Runnable 接口。这两种方法的比较见表 12-1。

表 12-1 两种方法的比较

	继承 Thread 类	实现 Runnable 接口
相同	每个具有多线程能力的类都必须覆盖（继承 Thread 类时）或实现（实现 Runnable 接口时）run()方法	
	启动一个线程是通过调用 Thread 实例的 start()方法实现的。如果是实现 Runnable 接口，须通过 Thread 的构造方法创建一个 Thread 实例	
不同	不能再继承其他类	可以继承其他类
	编写简单，无须再创建线程类	编写复杂一些，必须通过 Thread 类构造方法，创建一个新的 Thread 类
		程序结构清晰，程序风格好

12.3 线程的状态控制

线程的状态主要有以下 5 种：新建、可运行、运行中、阻塞和结束，状态间的关系如图 12-2 所示。

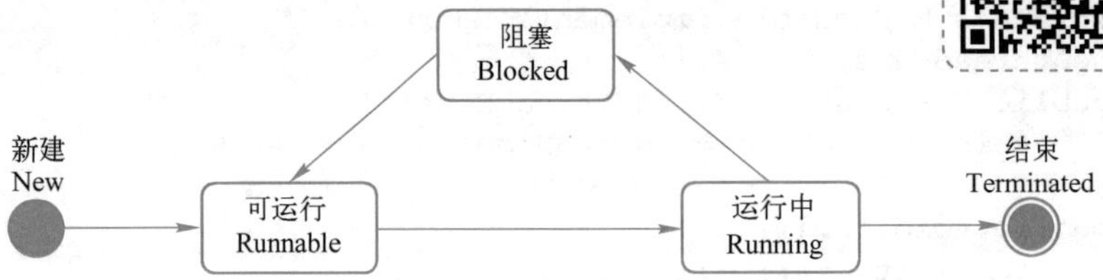

图 12-2 线程生命周期关系结构图

1. 新建状态

当一个 Thread 类的对象被新建（New）之后，一个新的线程就产生了。在这个线程执行 start()方法之前，它处于新建状态。

2. 可运行状态

一个线程被创建后，没有立即进入运行状态，而是处于可运行状态。通过调用 Thread 类中的 start()方法实现执行 run()方法。

调用线程的 start()方法后，start()方法告诉系统该线程准备就绪，可启动 run()方法。而线程需要继续等待调度，获得 CPU 时间后才开始运行。在开始运行之前，线程处于可运行状态。

主程序会继续执行 start()方法下面的语句，这时 run()方法可能还在运行，从而实现了多任务操作。

3. 运行中状态

运行中（Running）状态是线程的正常运行状态，即在 CPU 中执行 run()方法的代码。

4. 阻塞状态

由于某种原因，线程不能运行，即使 CPU 是空闲的。线程阻塞状态解除后，线程进入可运行状态，再次等待调度，以获得 CPU 时间。进入阻塞状态的原因有：

➢ 调用了 sleep()方法，在这种情况下，线程在指定的时间内不会运行，直到时间到期。

➢ 调用了 wait()方法使线程挂起，直到线程得到了 notify()或 notifyAll()消息。

➢ 线程在等待某个 I/O 流完成。

➢ 线程试图在某个对象上调用其同步控制方法，但对象不可用。

（1）sleep()方法

sleep()方法是使一个线程的运行暂时停止的方法，停止的时间由给定的毫秒数决定。

语法格式为：

```
Thread.sleep(long millis);
```

millis：必选参数，该参数以 ms（毫秒）为单位设置线程的休眠时间。

执行该方法后，当前线程将休眠指定的时间段。如果任何一个线程中断了当前线程的休眠，该方法将抛出 InterruptedException 异常。

```
try {
    Thread.sleep(1000);                  // 使线程休眠 1000ms
} catch (InterruptedException e) {       // 捕获异常
    e.printStackTrace();                 // 输出异常信息
}
```

（2）join()方法

join()方法能够使当前运行中的线程停下来等待，直到 join()方法所调用的那个线程结束，再恢复运行。

语法格式为：

```
thread.join();
```

thread：一个线程对象。

如果有线程 A 正在运行，用户希望插入线程 B，并且要求线程 B 运行完毕后再继续运行线程 A，此时可以使用 B.join()方法来实现这个需求。

```
public class A extends Thread {
    Thread B;
    public void run(){
        try {
            B.join();                    // 在线程 A 中运行线程 B
        } catch (InterruptedException e) {
            e.printStackTrace();
```

```
            }
        }
    }
```

（3）wait()方法与 notify()方法

wait()方法同样可以对线程进行挂起操作，调用 wait()方法的线程将进入"非可执行"状态。使用 wait()方法有两种方式：

```
thread.wait(1000);
```

或者

```
thread.wait();
thread.notify();
```

其中，第 1 种方式给定线程挂起时间，基本上与 sleep()方法的语法相同；第 2 种方式是 wait()与 notify()方法配合使用，这种方式让 wait()方法无限等待下去，直到线程接收到 notify()和 notifyAll()消息为止。

5. 结束状态

结束（Terminated）状态是线程正常执行完成（从 run()方法中返回）或线程被中止。这时释放线程占用的资源，结束线程的执行。

12.4　线程的同步

12-5
线程的同步

为了避免多线程共享资源发生冲突，需要对线程访问进行控制，这一操作通过线程的同步实现。具体实现方法为：访问资源的第 1 个线程为资源上锁，其他线程若想使用这个资源，必须等到锁解除为止。锁解除后，另一个使用该资源的线程为这个资源上锁。

例如，火车票售票系统中，代码先判断当前票数是否大于 0，如果大于 0，则执行将票出售给乘客的功能。但若只剩最后一张票，当两个线程同时访问这段代码时，第 1 个线程将票售出的同时，第 2 个线程也已经执行完成判断是否有票的操作，于是也执行售票操作，这样票就重复出售了。所以，在编写多线程程序时，要考虑线程安全问题。线程安全问题来源于两个线程同时存取单一对象的数据。解决方案就是同一时间仅一个线程访问资源，实现线程的同步。

【例 12.3】　模拟火车票售票功能。

```
public class SaleTickets implements Runnable {
    private int ticketCount = 10;    // 总的票数，这个是共享资源，多个线程都会访问
    public void sellTicket() {
        if (ticketCount > 0) {
            System.out.println(Thread.currentThread().getName() + "正在卖第"
                + (10 - ticketCount + 1) + "张票," + "还剩" + (--ticketCount)
                + "张票");
        } else {
            System.out.println("票已经卖完！");
        }
    }
    public void run() {
        while (ticketCount > 0) {    // 循环是指线程不停地去卖票
            sellTicket();
```

```
        try {
            Thread.sleep(100);
        } catch (InterruptedException e) {
            e.printStackTrace();
        }
        }
    }
}
public class TestSaleTickets {
    public static void main(String[] args) {
        SaleTickets runTicekt = new SaleTickets();
        Thread th1 = new Thread(runTicekt, "窗口1");
        Thread th2 = new Thread(runTicekt, "窗口2");
        Thread th3 = new Thread(runTicekt, "窗口3");
        Thread th4 = new Thread(runTicekt, "窗口4");
        th1.start();
        th2.start();
        th3.start();
        th4.start();
    }
}
```

程序执行结果如图 12-3 所示。

图 12-3　多线程同步前后的比较

a) 多线程同步前　b) 多线程同步后

从图 12-3a 可以看出，1 号窗口和 2 号窗口都将第 5 张票卖给了乘客，窗口 3 和窗口 4 都将第 6 张和第 9 张票卖给了乘客。原因是两个线程同时访问了余票资源，并进行了售票操作。

为了处理这种共享资源竞争，可以使用同步机制。所谓同步机制就是两个线程同时操作一个资源时，应该保持数据的统一性和完整性，防止一个线程写入数据的同时另一个线程读取数据。实现同步的方法有两种。

（1）对方法进行同步

在定义方法时加上 synchronized 关键字。

```
public synchronized void sellTicket() {
    if (ticketCount > 0) {
        System.out.println(Thread.currentThread().getName() + "正在卖第"
                + (10 - ticketCount + 1) + "张票," + "还剩" + (--ticketCount)
                + "张票");
    } else {
```

```
            System.out.println("票已经卖完！");
        }
    }
```

（2）对语句块进行同步

在需要同步的代码块前加上关键字 synchronized（其中 this 是指类自身）。

```
public void sellTicket() {
    synchronized (this) {
        if (ticketCount > 0) {
            System.out.println(Thread.currentThread().getName() + "正在卖第"
                    + (10 - ticketCount + 1) + "张票," + "还剩"
                    + (--ticketCount) + "张票");
        } else {
            System.out.println("票已经卖完！");
        }
    }
}
```

同步以后，运行效果如图 12-3b 所示，票不会被重复售出。

12.5 线程的通信

在程序开发过程中，经常要创建多个不同的线程来完成不相关的任务。然而，有时执行的任务可能有一定的联系，这样就需要使这些线程进行交互。

12-6
线程的通信

例如，有一个水塘，可对水塘进行"进水"和"排水"操作。这两个行为各用一个线程表示。当水塘没水时，不能进行"排水"操作；当水塘水满时，不能进行"进水"操作。这两个线程需要进行通信。

在 Java 语言中，线程间的通信通过 wait() 和 notify() 方法进行。以水塘为例，定义水塘 Pool 类包含属性 water，定义进水线程 Inlet 类和排水线程 Outlet 类，Inlet 类和 Outlet 类共享水塘对象 pool，假设线程 Outlet 试图"排水"，然而水塘中没有水，这时线程 Outlet 只能等待，代码如下。

```
if (pool.isEmpty()){              // 如果水塘没有水
    pool.wait();                  // 线程处于等待状态
}
```

在注水线程注水之前，排水线程不能从队列中释放，它不能再次运行。当注水线程注入水后，由注水线程通知排水线程水塘已注满水，排水线程才能运行。水塘对象将等待队列中第 1 个阻塞状态的线程在队列中释放出来，并重新加入程序运行，代码如下。

```
pool.notify();
```

notify() 方法最多只能释放等待队列中的第 1 个线程，如果多个线程在等待，可以使用 notifyAll() 方法释放所有线程。

wait() 和 notify() 方法必须在同步方法或同步块中调用，因为只有获得这个共享对象，才可能释放它。为了使线程对一个对象调用 wait() 和 notify() 方法，线程必须锁定那个特定的对象，这时就需要同步机制进行保护。

例如，当"排水"线程得到对水塘的控制权时，也就拥有了 pool 对象，但水塘中没有水。

此时 pool.isEmpty()条件满足，pool 对象被释放，所以，"排水"线程在等待。可以使用如下代码在同步机制保护下调用 wait()方法。

```
synchronized (pool) {
    try {
        System.out.println("水塘无水，排水等待中。。。。。");
        pool.wait();                              // 线程处于等待状态
    } catch (InterruptedException e) {
        e.printStackTrace();
    }
}
```

当"进水"线程将水注入水塘后，再通知等待的"排水"线程，"排水"线程被唤醒后继续进行排水工作。

notify()方法通知"排水"线程并将其唤醒。notify()方法与 wait()方法相同，都需要在同步方法或同步块中才能被调用。

```
synchronized (pool) {
    pool.notify();                              // 线程调用 notify()方法
}
```

【例 12.4】　模拟水塘进水和排水操作。创建 Inlet 线程和 Outlet 线程分别实现进水和排水，创建水塘类 Pool，顺序启动 Outlet 线程进行排水，然后启动 Inlet 线程进行进水。

```
public class Pool {
    boolean water = false;
    public boolean isEmpty() {
        return water?false:true;
    }
    public void setWater(boolean water) {
        this.water = water;
    }
}
public class Inlet extends Thread {
    Pool pool;
    public Inlet(Pool pool) {
        this.pool = pool;
    }
    public void run() {
        System.out.println("开始进水。。。。。");
        for (int i = 1; i <= 5; i++) {
            try {
                Thread.sleep(1000);             // 休眠 1s，模拟 1s 的时间
                System.out.println(i + "分钟");
            } catch (InterruptedException e) {
                e.printStackTrace();
            }
        }
        pool.setWater(true);
        System.out.println("进水完毕，水塘水满。");
        synchronized (pool) {
            pool.notify();
        }
    }
}
```

```java
        }
    public class Outlet extends Thread {
        Pool pool;
        public Outlet(Pool pool) {
            this.pool = pool;
        }
        public void run(){
            System.out.println("启动排水");
            if (pool.isEmpty()){
                synchronized (pool) {
                    try {
                        System.out.println("水塘无水，排水等待中。。。。。");
                        pool.wait();                    // 线程处于等待状态
                    } catch (InterruptedException e) {
                        e.printStackTrace();
                    }
                }
            }
            System.out.println("开始排水。。。。。");
            for (int i=5;i>=1;i--){
                try {
                    Thread.sleep(1000);
                    System.out.println(i+"分钟");
                } catch (InterruptedException e) {
                    e.printStackTrace();
                }
            }
            pool.setWater(false);
            System.out.println("排水完毕");
        }
    }
    public class TestPool {
        public static void main(String[] args) {
            Pool pool =new Pool();
            Inlet inlet = new Inlet(pool);
            Outlet outlet = new Outlet(pool);
            outlet.start();
            inlet.start();
        }
    }
```

图 12-4　例 12.4 运行结果

程序运行结果如图 12-4 所示。

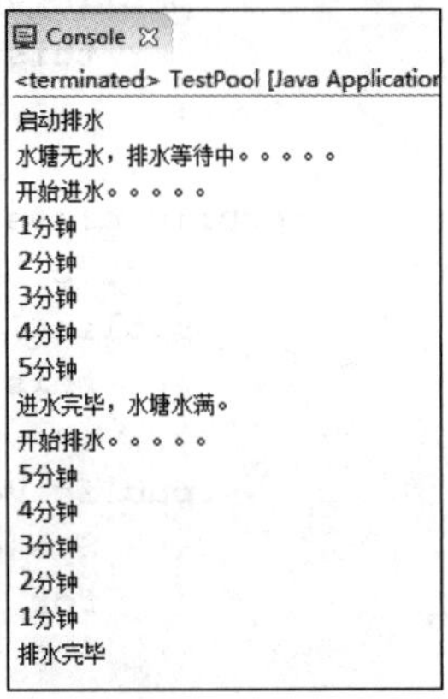

 【任务实现】

工作任务 18　时间显示器

12-7
工作任务 18

1. 任务描述

本任务在职工工资管理主界面状态栏上动态显示日期与时间。

2. 相关知识

本任务的实现，需要掌握多线程编程技术，能用多线程处理解决实际问题。

3. 任务设计

1）设计时间显示器界面。

2）实现 Runnable 接口，在 run()方法中增加获取当前时间的代码。

3）将获取的时间显示在界面上。

4. 项目实施

```java
package task.task20;
import java.awt.Color;
import java.awt.Dimension;
import java.text.SimpleDateFormat;
import java.util.Calendar;
import javax.swing.JFrame;
import javax.swing.JLabel;
import javax.swing.JPanel;
public class DTimeFrame extends JFrame implements Runnable {
    private JFrame frame;
    private JPanel timePanel;
    private JLabel timeLabel;
    private JLabel displayArea;
    private String DEFAULT_TIME_FORMAT="yyyy-MM-dd HH:mm:ss";
    private int ONE_SECOND = 1000;

    public DTimeFrame(){
        timePanel = new JPanel();
        timeLabel = new JLabel("当前时间是：");
        timeLabel.setForeground(Color.red);
        displayArea = new JLabel();
        timePanel.add(timeLabel);
        timePanel.add(displayArea);
        this.add(timePanel);
        this.setDefaultCloseOperation(JFrame.EXIT_ON_CLOSE);
        this.setSize(new Dimension(250,80));
        this.setLocationRelativeTo(null);
    }
    public void run() {
        while(true){
            SimpleDateFormat dateFormatter = new SimpleDateFormat(DEFAULT_
TIME_ FORMAT);
            displayArea.setText(dateFormatter.format(Calendar.getInstance().
getTime()));
            try {
                Thread.sleep(ONE_SECOND);
            } catch (InterruptedException e) {
                e.printStackTrace();
                displayArea.setText("Error!");
            }
```

```
        }
    }
    public JPanel getTimePanel(){
        return timePanel;
    }
    public void setTimePanel(JPanel timePanel){
        this.timePanel=timePanel;
    }
    public static void main(String[] args) {
        DTimeFrame df2 = new DTimeFrame();
        df2.setVisible(true);
        Thread t = new Thread(df2);
        t.start();
    }
}
```

5. 运行结果

运行结果如图 12-5 所示。

图 12-5　时间显示器运行效果图

6. 任务小结

本任务使用多线程技术实现了时间显示器。本项目 DTimeFrame 类继承了 JFrame 类，实现了 Runnable 接口，在 run()方法中实现按秒显示时间。

【本章小结】

本章主要介绍了多线程开发技术，包括线程的概念、多线程的两种实现方法、线程的状态控制、线程的同步和通信。通过本章学习，读者可熟练掌握并灵活运用多线程相关知识。

【习题 12】

一、选择题

1. 启动一个线程的方法是（　　　）。

（A）join()　　　　（B）run()　　　　　（C）start()　　　　（D）sleep()

2. 可以通过继承（　　）类来创建线程。

（A）Thread　　　　（B）Runnable　　　　（C）start　　　　（D）run

3. 现有以下程序代码，该段程序的运行结果是（　　　）。

```
public class ThreadBoth extends Thread implements Runnable {
    public void run() {
        System.out.print("hi ");
    }
    public static void main(String[] args) {
        Thread t1 = new ThreadBoth();
        Thread t2 = new Thread(t1);
        t1.run();
        t2.run();
```

```
        }
    }
```

　　（A）hi hi
　　（B）hi
　　（C）编译失败
　　（D）运行时异常被抛出

4. 当一个处于阻塞状态的线程解除阻塞状态后，它将回到（　　　）。
　　（A）运行中状态
　　（B）结束状态
　　（C）新建状态
　　（D）可运行状态

5. 创建线程的时候必须实现（　　　）接口。
　　（A）Runnable　　　（B）Thread　　　（C）Run　　　（D）Start

二、填空题

1. ＿＿＿＿＿＿是一个包含自身执行地址的程序，现在的计算机基本上都支持多进程操作。

2. 在一个进程内部也可以执行多任务，可以将进程内部的任务称为＿＿＿＿＿＿＿＿。

3. 实现多线程的两种方式：＿＿＿＿＿＿＿＿＿＿＿和＿＿＿＿＿＿＿＿＿＿。

4. 线程的状态主要有新建、＿＿＿＿＿＿＿＿、＿＿＿＿＿＿＿＿、＿＿＿＿＿＿＿＿和结束 5 种。

5. 在 Java 语言中，线程间的通信通过＿＿＿＿＿＿＿＿和＿＿＿＿＿＿＿＿方法进行。

三、简答题

1. 简述进程和线程的概念。

2. 简述创建线程的两种方法的实现步骤。

3. 简述创建线程的两种方法的异同点。

4. 简述线程的几种状态。

5. 简述实现线程同步的两种方法。

四、编程题

　　3 个学生小张、小李和小王在打篮球，先编写一程序，模拟他们抢篮球的过程，每人抢到 5 次就算结束，余下的人继续玩。先要求输出每人抢球的记录。输出的例子如下：

```
小李第 1 次抢到篮球. . . .
小张第 1 次抢到篮球. . . .
小王第 1 次抢到篮球. . . .
小张第 2 次抢到篮球. . . .
小张第 3 次抢到篮球. . . .
小王第 2 次抢到篮球. . . .
小李第 2 次抢到篮球. . . .
小王第 3 次抢到篮球. . . .
小张第 4 次抢到篮球. . . .
小李第 3 次抢到篮球. . . .
小李第 4 次抢到篮球. . . .
小张第 5 次抢到篮球. . . .
小李第 5 次抢到篮球. . . .
小李不想玩了。
小王第 4 次抢到篮球. . . .
小王第 5 次抢到篮球. . . .
小张不想玩了。
小王不想玩了。
```

参 考 文 献

[1] 眭碧霞. Java 程序设计项目教程[M]. 2 版. 北京：高等教育出版社，2019.

[2] 黑马程序员. Java 基础案例教程[M]. 2 版. 北京：人民邮电出版社，2021.

[3] 黄能耿. Java EE 程序设计及实训[M]. 2 版. 北京：机械工业出版社，2022.

[4] 贾振华. Java 语言程序设计[M]. 2 版. 北京：中国水利水电出版社，2010.